AMRA

NAPOLEON HILL

Glaube an dich und werde reich

Die Fortsetzung des Bestsellers »Denke nach und werde reich«

Aus dem Amerikanischen von Doris Hummel und Felix F. Frey

AMRA

Brandheiße Infos finden Sie regelmäßig auf:
www.facebook.com/AMRAVerlag

Besuchen Sie uns im Internet:
www.AmraVerlag.de

1. Auflage 2014

Eine Klassiker-Edition im AMRA Verlag
Auf der Reitbahn 8, D-63452 Hanau
Telefon: + 49 (0) 61 81 – 18 93 92
Kontakt: Info@AmraVerlag.de

Herausgeber & Lektor	Michael Nagula
Textbearbeitung	Felix Salentin
Einbandgestaltung	FranklDesign
Layout & Satz	Birgit Letsch
Druck	Clausen & Bosse

Nach der Originalausgabe *The Master-Key to Riches* von 1945 (First Edition) unter Auslassung der Bearbeitungen späterer Fassungen. Die Übersetzung folgt dem gleichnamigen deutschen Hardcover, erschienen in der DELTUS media Krug KG, Kalsdorf bei Graz.

ISBN Printausgabe 978-3-95447-156-0
ISBN eBook 978-3-95447-157-7

Inhalt

»Wenn ich von ›Reichtum‹ spreche,
meine ich ein glückliches, erfülltes Leben,
das für jeden Bürger eines freien Landes erreichbar ist,
falls er sich nur ein wenig darum bemüht.«

Napoleon Hill

Denke nach!

Vor vielen Jahrhunderten sagte der ebenso wohlhabende wie weise Philosoph Krösus zum Perserkönig Kyros II:

»Ich erinnere mich, o König – und nimm Dir diese Lehre zu Herzen –, dass ich einst von einem Spielrad der Götter hörte, auf dem alle Angelegenheiten der Menschheit ausgedreht werden. Es ist so eingestellt, dass es keinem Menschen möglich ist, *immer glücklich* zu sein.«

Ein Rad des Lebens, das die Schicksale der Menschen steuert – angetrieben durch die Kraft der Gedanken!

Dieses Buch wurde geschrieben, um Menschen zu helfen, dieses große Schicksalsrad zu beherrschen, damit sie zu Wohlstand kommen und ihre Wünsche erfüllen können.

Bedenke, dieses Rad, das »so eingestellt ist, dass es keinem Menschen möglich ist, *immer glücklich* zu sein«, ist sicher auch nicht so eingestellt, dass ein Mensch dauerhaft vom Pech verfolgt wird – sofern er die Kraft seiner eigenen Gedanken nutzt und sie in die Richtung seines Lebenszieles lenkt.

Einleitung

»Ich vermache dem amerikanischen Volk den Hauptteil meines riesigen Vermögens, der aus der Philosophie des persönlichen Erfolges besteht, durch die es mir möglich war, all meinen Reichtum zu erlangen ...«

So beginnt der letzte Wille von Andrew Carnegie (1835–1919), seinerzeit der reichste Mann der Welt. Es ist die Einführung zu einer Geschichte, die vielleicht zum wichtigsten Wendepunkt im Leben aller werden kann, die sie jetzt lesen.

Die Geschichte begann im späten Herbst 1908, als Andrew Carnegie mich zu sich nach Hause einlud und mir das anvertraute, was er den »Hauptteil« seines großen Vermögens nannte. Er ließ keinen Zweifel daran, dass er den Wunsch hatte, den Menschen seine Erkenntnisse zu hinterlassen.

Ich habe diese Geschichte aufgeschrieben, *um Ihnen mitzuteilen, dass auch Ihnen von diesem gewaltigen Erbe etwas zusteht,* und um Ihnen zu erklären, wie Sie davon Gebrauch machen können.

Damit Sie nicht – wie so viele andere – einen naheliegenden Fehler begehen und zu dem falschen Schluss gelangen, die Bedingungen, durch die Sie an dieser Erkenntnis teilhaben können, seien so strikt, dass Sie diese unmöglich einzuhalten vermögen, stelle ich klar: Jeder durchschnittlich intelligente Mensch kann die Erkenntnisse für sich nutzen. Es ist kein

Trick dabei. Ich erwecke auch keine falschen Hoffnungen, das versichere ich Ihnen.

Damit Sie abwägen können, ob Ihnen diese Erkenntnisse zu etwas verhelfen, das Ihnen nützlich erscheint oder das Sie sich wünschen, erkläre ich zuerst, was sie eigentlich versprechen:

1. Die genaue Beschreibung, wie Sie vorgehen müssen, um den Schlüssel zum Reichtum des Lebens wirklich nutzen zu können – ein Schlüssel, der Ihnen alle Türen öffnen wird, hinter denen sich die Lösungen Ihrer Probleme verbergen. Dieser Schlüssel wird Ihnen dabei helfen, frühere Misserfolge in unschätzbare Vorteile zu verwandeln. Ein Schlüssel, der Sie die *Zwölf Reichtümer des Lebens* erreichen lässt, dazu gehört auch die finanzielle Sicherheit.

2. Alle Erkenntnisse, die Andrew Carnegie all jenen vermacht hat, die sie wirklich annehmen wollen und dazu die detaillierten Anweisungen, wie Sie Ihren persönlichen Anteil daran voll nutzen können.

3. Die Darstellung der Methode, die Sie befähigt, die Bildung, die Erfahrung und das Fachwissen von Menschen zu nutzen, mit denen Sie möglicherweise zusammenarbeiten müssen, um erfolgreich zu sein. Durch die Anwendung der Methode werden Sie jeden Nachteil einer unzureichenden Bildung überbrücken und die höchsten Lebensziele ebenso erfolgreich verwirklichen können wie jene Glücklichen, die mit einer angemessenen Bildung gesegnet sind.

4. Das Privileg, Nutzen aus der Philosophie des Erfolges zu ziehen, die nach dem Versuch-und-Irrtum-Prinzip auf der Grundlage der Lebenserfahrung von über fünfhundert erfolgreichen Männern entstand – darunter Henry Ford, Thomas A. Edison, William Wrigley, Jr., Cyrus H. K. Curtis, J. Ogden Armour, Elbert Hubbard, Charles M. Schwab, F. W. Woolworth, Frank A. Vanderlip, Edward Bok, Dr. Alexander Graham Bell, Clarence Darrow und Luther Burbank.

5. Eine genaue Anweisung, wie jeder Arbeitnehmer sein Einkommen erhöhen kann, und zwar *mit vollem Einverständnis und Unterstützung seines Arbeitgebers.*

6. Eine genaue Anweisung, wie sich jeder Arbeitnehmer selbstständig machen kann und dabei überdurchschnittliche Erfolgschancen haben wird.

7. Eine genaue Anweisung, wie jeder Geschäftsmann seine Kunden als Stammkunden gewinnen kann, die ihm sogar aktiv dabei helfen werden, weitere Kunden zu finden, die dann bald ebenfalls zu Stammkunden werden.

8. Eine klare Anweisung, durch den jeder Arbeitgeber die Angestellten zu Freunden auf dem Weg zum Erfolg machen kann und gleichzeitig Bedingungen schafft, die seinem Unternehmen – und damit auch seinen Mitarbeitern – zu größerem Gewinn verhelfen werden.

Nun wissen Sie also, was ich Ihnen in Aussicht stelle. Allerdings müssen Sie eine wichtige Voraussetzung erfüllen, damit sich all diese Versprechen für Sie auch erfüllen – lesen Sie dieses Buch bitte *zweimal,* Zeile für Zeile, und *denken Sie beim Lesen nach!*

Nichts geschieht je ohne einen bestimmten *Grund!*

Der Wunsch nach Reichtum mag selbstsüchtig sein, aber wir wissen alle, dass er ein ganz natürliches Bedürfnis ist. Andrew Carnegie hat das verstanden. Carnegie wusste um die Schwäche der Menschen, die am liebsten etwas für nichts bekommen möchten. Er wusste auch, dass das Geschenk des Reichtums in jeder Erscheinungsform dem Beschenkten ohne eine gewisse Bedachtheit meist mehr Schaden als Nutzen bringt. Deshalb ist es ist unerlässlich, dass auch Sie als Leser *Ihre eigenen Gedanken* beisteuern, indem Sie meine Aussagen mit Ihren eigenen Erfahrungen vergleichen. Dazu sollten Sie sich ein klares Bild möglicher Quellen des Reichtums machen.

Ich möchte von vornherein klarstellen, dass ich, wenn ich von »Reichtum« spreche, *jede Form des Reichtums* meine – nicht nur jenen, der sich auf dem Bankkonto oder in materiellen Werten zeigt. Ich meine auch den Reichtum der Demokratie und der persönlichen Freiheit, aber auch den Reichtum von Freundschaften. Oder den unschätzbaren Reichtum, dass jeder das Recht auf Selbstbestimmung hat und tun kann, was immer er möchte, den Reichtum der freien Marktwirtschaft, den Reichtum freier Meinungsäußerung, freier Schulen und freier Religionswahl.

Wenn ich also von »Reichtum« spreche, meine ich ein glückliches, erfülltes Leben, das für jeden Bürger eines freien Landes erreichbar ist, falls er sich nur ein wenig darum bemüht.

Ich möchte auch betonen, dass ich niemandem vorschreiben will, welche Art des Reichtums und wie viel davon er anstreben soll. Glücklicherweise steht uns alles in Hülle und Fülle zur Verfügung, kein sinnvoller Wunsch eines Menschen muss unerfüllt bleiben. Ich hoffe sehr, dass jeder Leser nach dem Anteil greift, der ihm zusteht – und nicht nur nach den Dingen, die man mit Geld erwerben kann, sondern *besonders hinsichtlich all der Dinge, die man eben nicht mit Geld kaufen kann!*

Es macht mich traurig, so viele Menschen zu sehen, die sich scheinbar nur von Hülsen ernähren, anstatt die wertvollen Körner zu genießen, die ein frohes, gutes Leben mit sich bringen – und dazu gehört sowohl materielle wie auch geistige Fülle.

Ich will mir nicht anmaßen, irgendjemandem zu sagen, wie er sein Leben zu leben hat, doch durch die Beobachtung von reichen wie armen Menschen weiß ich, dass finanzieller Reichtum allein keine Garantie zum Glücklichsein ist. Unter den wirklich glücklichen Menschen, die ich kennenlernen durfte, hat sich jeder in irgendeiner Weise dafür eingesetzt, seinen Mitmenschen zu helfen – und ich kenne auch viele Menschen, die zwar über großen materiellen Reichtum verfügen, ihr Glück aber trotzdem noch nicht gefunden haben.

Dies soll keine Predigt werden, doch ich möchte die Menschen, die den materiellen Überfluss, in dem wir leben, als selbstverständlich hinnehmen und darüber die erwähnten höheren Elemente des Lebens aus den Augen verlieren, darauf aufmerksam machen, dass Glück nur durch die geistigen Reichtümer zu erlangen ist, die ich hier genannt habe.

Obwohl wir uns heute am höchsten Lebensstandard aller Zeiten erfreuen können, sind wir nicht zufrieden damit – nun, ich glaube, ich kann in diesem Buch erklären, wie man diesen Standard tatsächlich noch steigern kann. Die Philosophie, die man dafür anwenden muss, basiert dabei nicht auf der falschen Hoffnung des »etwas für nichts zu bekommen«, und sie hat den Vorteil, dass sie bereits von mehr als fünfhundert der bedeutendsten Menschen praktisch erprobt wurde – darunter war auch Andrew Carnegie.

1

Der Beginn allen Reichtums

Die große Zuschauermenge wartete atemlos auf die Botschaft eines mysteriösen Mannes, der der Welt das Geheimnis seines Reichtums enthüllen wollte. Im Publikum saßen zahlreiche Menschen, die bereits unzählige Male alles versucht hatten, reich zu werden, aber immer wieder versagt und daher längst alle Hoffnung verloren hatten!

Unter den Zuschauern befanden sich auch sehr junge Frauen und Männer, die noch voller Vertrauen waren und eifrig darauf warteten zu erfahren, wie man reich werden kann. Im Publikum saßen Mediziner, Anwälte, Ingenieure und Lehrer, die gespannt darauf warteten, was der Redner ihnen enthüllen würde, um sie auf den Weg zum Reichtum zu führen. Geistliche jeder Religionszugehörigkeit der Erde hatten mit der Hoffnung im Publikum Platz genommen, Inspiration aus der Botschaft des Redners zu ziehen und diese an die Mitglieder ihrer Gemeinden weitergeben zu können.

Zeitungsreporter schwirrten wie die Bienen in riesigen Schwärmen umher. Unzählige Fotoapparate waren auf das Rednerpult gerichtet, auch Fernsehreporter hatten sich zuhauf mit Kamera- und Tonleuten eingefunden. Man sah Taxifahrer, Mechaniker,

Maurer, Kaufleute, Friseure und Zeitungsjungen. Jedes Gewerbe und jeder Beruf auf Erden waren vertreten und viele Menschen waren von weither angereist.

Endlich begann sich der Vorhang langsam zu heben. Der Vorsitzende, der zum Rednerpult ging, hob die Hand und bat um Ruhe. Der Lärm erstarb. Stille breitete sich über dem riesigen Publikum aus.

Die einleitenden Worte waren kurz, der Vorsitzende sagte nur: »Meine Damen und Herren, ich habe die Ehre, Ihnen den reichsten Mann der Welt vorstellen zu dürfen. Er ist heute hierhergekommen, um Ihnen allen vom *Schlüssel zum Reichtum des Lebens* zu berichten.«

Mit schnellen Schritten ging der Redner zum Pult hinüber. Er trug eine lange schwarze Robe und trug eine Maske, die die Partie seiner Augen bedeckte. Sein Haar war grau und sein Alter ließ sich auf etwa sechzig Jahre schätzen.

Eine Weile stand er einfach nur stumm da, während überall die Fotoapparate aufblitzten. Dann fing er mit einer weichen und angenehmen Stimme, die sehr melodiös klang, langsam an zu sprechen.

»Sie haben sich hier versammelt, um zu erfahren, wie man an sich glaubt und reich wird. Sie haben sich hier versammelt, weil es ein menschliches Bedürfnis ist, nach den besseren Dingen im Leben zu streben. Dieser Wunsch beherrscht alle Menschen. Sie wünschen sich finanzielle Sicherheit, die nur Geld bieten kann. Einige von Ihnen wünschen sich die Chance, ihre Talente zu verwirklichen und ihr Glück zu finden, und würden gern erleben, wie viel Spaß es macht, aus eigener Kraft reich zu werden.

Einige von Ihnen suchen nach einer einfachen Methode zum Glück, wobei sie hoffen, reich zu werden, ohne etwas dafür zu geben. Auch das ist ein weit verbreiteter Wunsch. Aber ich hoffe, dass ich sie von dieser Einstellung abbringen kann, zu Ihrem eigenen Besten, denn ich habe aus eigener Erfahrung gelernt, dass man nicht ernten kann, ohne zu säen.

Es gibt nur einen Weg, der ganz sicher zum Reichtum führt. Diesen Weg finden nur die Menschen, die über den *Schlüssel zum Reichtum des Lebens* verfügen!

Dieser *Schlüssel* ist ein geniales Werkzeug: Durch ihn sind alle, die ihn besitzen, in der Lage, die Türen zur Lösung all ihrer Probleme zu öffnen. Seine Zauberkräfte übertreffen sogar noch Aladins Wunderlampe.

Er öffnet die Tür zur Gesundheit. Er öffnet die Tür zu Liebe und Romantik. Er öffnet die Tür zur Freundschaft, indem er die Eigenschaften Ihrer Persönlichkeit und Ihres Charakters erweckt, durch die wir Freunde fürs Leben gewinnen. Er zeigt uns Mittel und Wege, um jede Widrigkeit, jedes Versagen, jede Enttäuschung, jede Fehleinschätzung und jede Niederlage der Vergangenheit in etwas Wertvolles zu verwandeln. Er erweckt die Hoffnungen in allen, die ihn besitzen, wieder zum Leben. Er enthüllt die Formel, mit deren Hilfe wir uns *richtig ausrichten* und so durch den Geisteszustand, den wir Glauben nennen, aus dem riesigen Reservoir der Unendlichen Intelligenz schöpfen können.

Der *Schlüssel* verhilft einfachen Menschen zu Macht, Ruhm und Vermögen. Er dreht die Zeiger der Uhr zurück und erweckt den Geist der Jugend bei den Menschen neu, die zu früh alt geworden sind. Er zeigt Ihnen, wie man seinen eigenen Geist uneingeschränkt kontrolliert, um seine Gefühle und die Kraft seiner Gedanken sicher steuern zu können. Er gleicht die Mängel derjenigen aus, die keine gute Schulbildung genossen haben. Alle Chancen der besser ausgebildeten Menschen werden auch Ihnen offen stehen. Er öffnet ebenso, eine nach der anderen, die Türen zu den Zwölf Großen Reichtümern des Lebens, die ich Ihnen jetzt ganz genau erläutern möchte.

Hören Sie genau zu, denn ich werde nicht noch einmal hierherkommen. Hören Sie nicht nur aufmerksam zu, sondern seien Sie auch bereit, sich auf Neues einzulassen – denn bedenken Sie, dass kein Mensch verstehen kann, wofür er nicht vollkommen bereit ist. Diese Bereitschaft setzt vieles voraus, darunter Entschlossenheit, Bescheidenheit und die uneingeschränkte Anerkennung der Wahrheit, dass niemand alles weiß. Das gesamte Wissen der Menschheit reicht nicht aus, um die Menschen davon abzubringen, sich im Krieg gegenseitig zu zerfleischen oder ihre Mitmenschen zu betrügen und ihnen die Früchte ihrer Arbeit zu stehlen.

Ich werde Ihnen die Fakten erläutern und zahlreiche Prinzipien vorstellen, von denen viele unter Ihnen vermutlich noch nie gehört haben, denn sie sind nur jenen bekannt, die bisher bereit waren, den *Schlüssel* anzunehmen. Es sind also nur wenige, aber stetig mehr werdende Menschen, die bereits zum Kreis der Mitglieder gehören. Zu den Mitgliedern zählen Männer und Frauen aus allen Schichten der Gesellschaft, aller Nationalitäten und aller Glaubensrichtungen. Sie haben es sich zur Aufgabe gemacht, der Menschheit zu zeigen, welche Vorzüge sich ihr durch den Geist der Brüderlichkeit offenbaren können.

Dieser Kreis der Kameradschaft wurde geschaffen, um eine Welt und ihre Zivilisation, die durch den Zweiten Weltkrieg an den Rand der Zerstörung geführt worden war, wieder aufzubauen. Diese Kameradschaft ist weder eine Sekte noch am Profit interessiert. Ihre Mitglieder arbeiten unabhängig. Es gibt keine Anführer, sondern jeder Mensch, der die nötigen Voraussetzungen erfüllt, wird zu einem Anführer für sich selbst.

Die einzige Bedingung für eine Mitgliedschaft in diesem Kreis ist, dass wir die Vorzüge, die wir durch den *Schlüssel zum Reichtum* erhalten, mit anderen teilen wollen, und zwar allen, die wir finden können und die bereit sind, von den Vorteilen zu profitieren. Die Gemeinschaft bereitet uns darauf vor, in jeden unserer Mitmenschen Brüder und Schwestern zu sehen und sich auch so zu verhalten.

Die Mitglieder erkennen den materiellen Überfluss an, der für die Menschheit bereitliegt, und bieten ihr einen rationalen Plan, durch den jeder Mensch an diesem Reichtum teilhaben kann, gemäß seiner Talente und sofern er bereit ist, etwas dafür zu leisten. Ihnen missfällt der Gedanke, dass zu wenige zu viel besitzen und zu viele zu wenig. Sie trüben die Hoffnung aller Menschen, die danach streben, etwas ohne Gegenleistung zu bekommen. Und sie wehren sich gegen diejenigen, deren Gier sie dazu treibt, mehr zu wollen, als sie jemals für ihre eigene finanzielle Sicherheit brauchen werden.

Diese Kameradschaft hat eine mächtige Aufgabe vor sich. Unsere Zivilisation muss leben und sich weiterentwickeln – dies ist auch der Plan des Schöpfers aller Dinge. Die Menschen müssen lernen, gemeinschaftlich miteinander zu leben, Hand in Hand die Arbeit der Welt zu verrichten und ihren verdienten Lohn zu ernten – ohne Armut, ohne Not und ohne Angst. Die Mitglieder der Gemeinschaft haben es geschafft, genauso zu leben, ohne die Freude am Leben zu verlieren. Sie haben sogar entdeckt, dass der Weg der Kameradschaft der einzige Weg zu beständigem Glück ist.

Ich bin hierhergekommen, um Ihnen von dieser Gemeinschaft zu erzählen und Ihnen den *Schlüssel zum Reichtum* in die Hände zu legen. Meine Identität werde ich nicht preisgeben, denn das würde Ihnen keinerlei Nutzen bringen. Wenn Sie von mir erzählen wollen, können Sie mich den ›reichen Mann aus dem Tal des Glücks‹ nennen.

Bevor ich auf die Zwölf Großen Reichtümer eingehe, möchte ich Ihnen aber noch einige jener Reichtümer vorstellen, die Sie bereits besitzen – Reichtümer, derer sich die meisten unter Ihnen gar nicht bewusst sind.

Zunächst möchte ich Sie dazu bringen, zu erkennen, dass Ihre Persönlichkeit eine Vielheit ist, auch wenn Sie sie vielleicht als eine Einheit betrachten. Sie bestehen, wie jeder andere Mensch, aus mindestens zwei ganz verschiedenen Persönlichkeiten und in vielen von Ihnen stecken sogar noch mehr.

Da ist zum einen das Ich, das Sie erkennen, wenn Sie in den Spiegel sehen. Das ist Ihr physisches Ich. Doch dies ist nur das Haus, in dem Ihre anderen Persönlichkeiten leben. Und dieses Haus beherbergt mindestens zwei Individuen, die auf ewig im Konflikt miteinander stehen.

Das eine ist eine eher negative Person, die in einer Atmosphäre der Angst, des Zweifels, der Armut und der schlechten Gesundheit denkt, lebt und sich bewegt. Dieses Ich erwartet stets, zu versagen, und wird daher nur selten enttäuscht. Es führt Ihnen die Dinge des Lebens vor Augen, die Sie sich zwar nicht wünschen, die Sie aber anscheinend zu akzeptieren gezwungen sind – Armut, Gier, Aberglaube, Angst, Zweifel, Kummer und körperliche Gebrechen.

Das andere ist Ihr ›zweites Ich‹, ein positiv eingestellter Mensch. Dessen Gedanken beschäftigen sich mit Wohlstand, Gesundheit, Liebe und Freundschaft, persönlichem Erfolg, Kreativität und Hilfsbereitschaft. Es führt Sie unbeirrt zur Verwirklichung Ihres Glücks. Allein dieses Ich ist in der Lage, die Zwölf Großen Reichtümer zu erkennen und zu erlangen. Nur durch dieses Ich können Sie in den Besitz des Schlüssels zum Reichtum gelangen. Es sind keine imaginären Persönlichkeiten, von denen ich spreche. Sie sind real und durch wissenschaftliche Untersuchungen nachgewiesen.

Darüber hinaus verfügen Sie über viele weitere unschätzbare Reichtümer, derer Sie sich möglicherweise nicht bewusst sind – verborgene Schätze, die Sie bislang weder erkannt noch genutzt haben.

Dazu zählt auch eine ›Schwingungsstation‹. Sie ist so hochempfindlich, dass Sie Gedankenwellen der Mitmenschen und der Umwelt empfangen können, aber auch auszusenden vermögen. Deshalb besitzen Sie etwa die potenzielle Fähigkeit, ihre Antennen ins All auszustrecken und sich mit der Unendlichen Intelligenz zu verbinden.

Ihre Funkstation arbeitet automatisch und kontinuierlich, egal ob sie schlafen oder wach sind. Dabei wird sie die ganze Zeit von einer Ihrer beiden Hauptpersönlichkeiten gesteuert: der negativen oder der positiven. Wenn Ihre negative Persönlichkeit die Kontrolle hat, empfangen Sie nur die negativen Botschaften, die von Millionen anderer negativer Persönlichkeiten auf der ganzen Welt ausgesandt werden. Sie nehmen sie auf und handeln entsprechend. So führen diese negativen Einflüsse unweigerlich zu Lebensumständen, die genau das Gegenteil Ihrer Wünsche sind.

Übernimmt aber Ihre positive Persönlichkeit die Kontrolle, fängt sie nur die positiven Gedankenwellen ein, die von Millionen anderer positiver Persönlichkeiten überall auf der Welt ausgesandt werden und wandelt sie um in ihr greifbares Gegenstück, nämlich Wohlstand, Gesundheit, Liebe, in Hoffnung, Vertrauen, innere Ruhe und Zufriedenheit – jene Werte also, nach denen Sie und jeder andere Mensch suchen.

Ich bin hier, um Ihnen den Schlüssel zu offenbaren, mit dessen Hilfe Sie diese und zahlreiche weitere Reichtümer erlangen können. Dieser geheimnisvolle Schlüssel öffnet die Tür zur Lösung sämtlicher menschlicher Probleme. Mit ihm können Sie zu Wohlstand kommen und noch viel mehr erreichen – so kann er etwa Ihre Schwingungsstation unter die Kontrolle Ihres positiven Ichs stellen.

Ich kann mich nur deshalb als den ›reichen Mann aus dem Tal des Glücks‹ bezeichnen, weil ich in den Besitz des *Schlüssels zum Reichtum des Lebens* gelangt bin. Das Wesen dieses Reichtums werde ich Ihnen in Kürze enthüllen. Zunächst möchte ich Ihnen jedoch sagen, dass ich nicht in Reichtum geboren wurde. Ich komme aus einer armen Familie, die aus Analphabeten bestand. Meine schulische Ausbildung blieb auf das Wissen beschränkt, dass ich an einer einfachen Grundschule auf dem Land erwerben konnte. Mein gesamtes Universum erstreckte sich, soweit ich es damals beurteilen konnte, nicht weiter als bis zur Grenze jenes Landkreises, in dem ich geboren worden war.

Dann folgte die Zeit des großen Erwachens. Liebe erfüllte mich, und sie bescherte mir den Einfluss des wunderbarsten Menschen, den ich jemals kennenlernen durfte – dieser Mensch wurde meine Ehefrau. Und meine Frau war es, die mich anleitete, denn sie stammte aus der Welt dort draußen – jener Welt, von deren Existenz ich noch nicht einmal etwas geahnt hatte. Sie war eine kultivierte, gebildete Frau und wies mich in die Geheimnisse der Biologie und der Chemie, der Astronomie und der Physik ein. Sie weckte tief in meiner Seele mein ›anderes Ich‹, das ich bis dahin gar nicht kannte.

Schritt für Schritt, geduldig und liebevoll, führte sie mich zu immer mehr Erkenntnis, bis ich schließlich bereit war, den *Schlüssel zum Reichtum* anzunehmen – ein Geschenk, das ich heute in der Hoffnung mit Ihnen teilen möchte, dass Sie ebenso reich werden wie ich.

Mit diesem Segen ging jedoch auch die Verantwortung einher, die Geheimnisse des Schlüssels möglichst vielen meiner Mitmenschen zu offenbaren, sofern sie bereit sind, sich dafür zu öffnen. Deshalb möchte ich Sie an dieser Stelle warnen: Nur jene unter Ihnen, die bereit sind, die Pflicht anzunehmen, ihn mit anderen zu teilen, können den Schlüssel auch behalten. Niemand darf ihn für selbstsüchtige Zwecke oder nur zum eigenen Aufstieg einsetzen.

Ich werde Ihnen die Nutzung des Schlüssels erklären, doch die Pflicht des Teilens müssen Sie übernehmen.

Die Gründer der Rotary-Club-Bewegung müssen die Vorteile des Teilens erkannt haben, denn ihr Motto lautet: *Am besten gewinnt, wer am meisten hilft.* Ja, wer mit offenen Augen durch die Welt geht, erkennt, dass jeder dauerhafte persönliche Erfolg mit einer Form des Teilens beginnt, denn durch das Teilen üben wir einen gewinnbringenden Einfluss auf andere aus.

Meine ganz persönliche Chance bestand aus der Bereitschaft meiner Frau, ihr erworbenes Wissen mit mir zu teilen, und dass ich dadurch überhaupt erst in die Reichweite des Schlüssels kam.

Ihre große Chance könnte also in meiner Bereitschaft bestehen, mein Wissen mit Ihnen zu teilen. Aber ich bin nicht hier, um Ihnen nur zu materiellem Reichtum zu verhelfen. Ich bin hier, um das Wissen mit Ihnen zu teilen, das Ihnen dazu verhilft, Reichtum – und ich meine alle Arten von Reichtum – durch *Eigeninitiative* zu erlangen!

Das ist das größte aller Geschenke! Und es ist das einzige Geschenk, das ein Mensch, der das Glück hat, in einem freien Land zu leben und alle sich daraus ergebenden Vorteile genießen zu können, erhoffen sollte. Denn hier finden wir jede erdenkliche Form des Reichtums und können sie auch erlangen – wir finden sie im Überfluss.

Ich nehme an, dass auch Sie sich wünschen, reich zu werden. Lassen Sie uns also gemeinsam an der Erfüllung Ihrer Wünsche arbeiten, denn ich habe den Weg zum echten Reichtum gefunden. Ich bin bereit, Ihnen als Anführer zu dienen.

Meine eigene Suche nach dem Weg zum Reichtum war mühsam. Erst später erfuhr ich, dass es auch einen kürzeren, verlässlichen Weg gibt, dem ich hätte folgen können, hätte ich dieselbe Führung genossen, die ich Ihnen nun hoffentlich bieten kann.

Bevor wir uns auf die Reise ins Land des Reichtums begeben, sollten wir eine Bestandsaufnahme durchführen, um das wahre Wesen des Reichtums kennenzulernen. Ja, wir sollten gut vorbereitet sein, damit wir die Reichtümer auch erkennen, wenn sie uns begegnen.

Einige Menschen glauben, Reichtum bestehe nur aus Geld! Dauerhafter Reichtum im weiteren Sinne umfasst jedoch noch viele andere wertvolle Dinge, nicht nur materielle, und ich möchte hinzufügen, dass der Besitz von Geld ohne diese immateriellen Werte nicht die Zufriedenheit mit sich bringt, die sich viele davon versprechen. Wenn ich von *Reichtum* spreche, habe ich eine höhere Form des Reichtums im Sinn, die das Leben all jener, die sie erlangt haben, bereicherten, indem sie ihnen vollkommenes Glück bescherten. Ich nenne sie die ›Zwölf Reichtümer des Lebens‹, und ich wünsche mir aufrichtig, sie mit all jenen unter Ihnen zu teilen, die bereit sind, sie anzunehmen, ganz oder auch nur teilweise.«

Kommen wir nun zur Beschreibung der Zwölf Reichtümer.

2

Die Zwölf Reichtümer des Lebens

Die größten aller Reichtümer sind ...

1. Eine positive innere Einstellung

Alle Reichtümer, ganz gleich, welcher Natur, beginnen als bloßer Gedanke. Wir sollten nie vergessen, dass unsere Gedanken das Einzige sind, worüber jeder von uns die vollkommene, unangefochtene Kontrolle hat.

Es ist höchst bemerkenswert, dass der Schöpfer uns Menschen Macht über nichts und niemanden gegeben hat, außer der Macht der freien Gedankenbildung, verbunden mit dem Privileg, sie nach Belieben zu nutzen.

Unsere innere Einstellung ist wichtig, weil sie unser Hirn sozusagen in einen Elektromagneten verwandelt, der die Gegenstücke zu unseren dominierenden Gedanken, Zielen und Absichten anzieht – er zieht jedoch auch die Gegenstücke unserer Ängste, Sorgen und Zweifel an.

Eine positive innere Einstellung ist der Ausgangspunkt allen Reichtums, egal, ob es sich dabei um materielle oder immaterielle Reichtümer handelt. Durch sie erlangen wir den Reichtum echter Freundschaft und den Reichtum, den uns die Hoffnung auf zukünftige Erfolge schenkt. Eine positive Geisteshaltung führt uns auch den Reichtum der Schöpfungen von Mutter Natur vor Augen, der sich in vom Mondlicht durchfluteten Nächten, den Sternen am Himmelszelt, schönen Landschaften und fernen Horizonten zeigt. Dank ihr finden wir den Reichtum in einer selbst erwählten Arbeit.

Eine positive Geisteshaltung ist die höchste Form der Erfüllung, die unsere Seele finden kann. Nur durch sie finden wir den Reichtum der Harmonie in zwischenmenschlichen Beziehungen, wenn alle zusammenarbeiten. Vor allem schenkt sie uns den Reichtum guter körperlicher Gesundheit, den alle jene, die gelernt haben, Arbeit und Freizeit und Liebe im Gleichgewicht zu halten und die die Weisheit besitzen, zu essen, um zu leben, anstatt zu leben, um zu essen, wie einen Schatz hüten.

Eine positive innere Einstellung schenkt uns den Reichtum, frei von Angst zu sein und das Glück, Begeisterung zu empfinden. Durch sie erleben wir den Reichtum, den Gesang und Lachen bringen, die beide Indizien für unseren Gemütszustand sind. Wir finden durch sie auch den Reichtum der Selbstdisziplin. Durch Selbstdisziplin erlebt der Mensch jene Freude, die in der Gewissheit besteht, dass er mit der Kraft seines Geistes jedes gewünschte Ziel erreichen kann, wenn er es sich nur fest vornimmt und sich der Erreichung mit aller Entschlossenheit widmet.

Eine positive Geisteshaltung beschert uns das Glück des Spielens, durch die wir die Lasten des Lebens vergessen und eine zeitlang wieder Kind sein dürfen. Sie offenbart uns den Reichtum, den die Entdeckung unseres »anderen Ichs« uns schenkt – jenes Ichs, das sich niemals mit einer Realität des dauerhaften Misserfolges abfinden wird.

Eine positive Geisteshaltung ermöglicht uns den Reichtum, an die *Unendliche Intelligenz* zu glauben, von der jeder menschliche Verstand eine genaue Abbildung ist. Und auch den Reichtum, sich der Meditation hinzugeben, jene Brücke, durch die jeder nach Belieben auf das unerschöpfliche Reservoir der Unendlichen Intelligenz zugreifen kann.

Ja, der Ursprung dieser und aller anderen Reichtümer ist eine positive Geisteshaltung. Daher ist es nicht überraschend, dass eine positive innere Einstellung den ersten Platz auf der Liste der Zwölf Reichtümer einnimmt.

2. Gesundheit

Gute Gesundheit beginnt mit einem *Gesundheitsbewusstsein*, das durch einen Verstand entsteht, der an Gesundheit und nicht an Krankheit denkt. Weitere wichtige Grundlagen bilden ausgewogene Essensgewohnheiten und angemessene körperliche Aktivitäten.

3. Harmonie in zwischenmenschlichen Beziehungen

Harmonie mit anderen beginnt bei uns selbst. Shakespeare hatte recht mit seiner Warnung, und es kann uns nur Vorteile bringen, wenn wir uns daran halten: »Sei dir selber treu. Und daraus folgt, so wie die Nacht dem Tage, Du kannst nicht falsch sein gegen irgendwen.«

4. Freiheit von Angst

Kein Mensch, der vor irgendetwas Angst hat, ist wirklich frei! Angst ist ein Vorbote des Unglücks. Wo immer sie uns heimsucht, müssen wir die Ursache finden und sie beseitigen. Erst dann können wir im umfassenden Sinne reich werden.

Es gibt sieben Grundängste, die den menschlichen Verstand am häufigsten quälen, und es gibt kaum jemanden, der nicht schon darunter gelitten hätte. Es handelt sich um:

- die Angst vor Armut
- die Angst vor Kritik
- die Angst vor Krankheit
- die Angst vor dem Verlust von Zuneigung
- die Angst vor dem Verlust von Freiheit
- die Angst vor dem Alter
- die Angst vor dem Tod

5. Die Hoffnung auf Erfolg

Die schönste Form des Glücks erleben wir, wenn sich unsere Hoffnung auf die Verwirklichung unserer Ziele erfüllt und wir erfolgreich sind. Unbeschreiblich arm ist derjenige, der es nicht vermag, mit der Hoffnung in die Zukunft zu blicken, eines Tages zu jenem Menschen zu werden, der er gerne sein möchte, oder der nicht daran glaubt, auch noch die Ziele erreichen zu können, die er in der Vergangenheit bisher vielleicht verfehlt hat.

6. Die Fähigkeit des Glaubens

Der Glaube ist das Bindeglied zwischen dem Bewusstsein der Menschen und dem wunderbaren, unerschöpflichen Reservoir der Unendlichen Intelligenz. Glaube ist der fruchtbare Boden im Garten des menschlichen Geistes, in dem sämtliche Reichtümer des Lebens gedeihen. Glaube ist das *ewige Elixier*, das unseren Gedanken kreative Kraft und Wirkung verleiht.

Der Glaube ist die Grundlage aller sogenannten Wunder und vieler Mysterien, die logisch und wissenschaftlich nicht erklärt werden können. Glaube ist das spirituelle *chemische Element*, das uns, wenn er mit Gebeten zusammenwirkt, eine ummittelbare Verbindung zur Unendlichen Intelligenz ermöglicht. Der Glaube ist die Kraft, die die gewöhnliche Tätigkeit der Gedanken in ihr spirituelles Gegenstück verwandelt. Er ist die einzige Energie, durch die wir Menschen die Kosmische Macht der Unendlichen Intelligenz zu unserem Wohl nutzen können.

7. Die Bereitschaft, sein Glück zu teilen

Wer die segensreiche Kunst des Teilens nie erlernt hat, kennt auch den wahren Weg zum Glück nicht, denn Glück erlangt man nur durch Teilen. Wir sollten niemals vergessen, dass sämtlicher Reichtum allein durch den einfachen Akt des Teilens, damit auch andere ihn erlangen können, vermehrt wird. Vergessen wir nie, dass der Platz, den ein Mensch in den Herzen seiner Mitmenschen einnimmt, durch die Hilfe bestimmt wird, die er ihnen erweist, indem er sein Glück in irgendeiner Form mit ihnen teilt.

Ungeteilte Reichtümer, ganz gleich, ob materieller oder immaterieller Art, welken und sterben wie eine Rose an einem abgebrochenen Zweig, denn es ist eines der wichtigsten Naturgesetze, dass Untätigkeit und Nichtnutzung zu Verfall und Tod führen. Dieses Gesetz trifft auf den materiellen Besitz der Menschen ebenso zu wie auf die Zellen jedes lebendigen Körpers.

8. Mit Liebe getane Arbeit

Es kann keinen glücklicheren Menschen geben als jenen, der eine Arbeit gefunden hat, die er liebt und der er voller Eifer nachgeht, denn eine geliebte Beschäftigung ist die höchste Form der Erfüllung menschlicher Wünsche.

Arbeit ist die Verbindung zwischen Angebot und Nachfrage aller menschlichen Bedürfnisse, der Vorbote allen menschlichen Fortschritts. Arbeit ist die einzige Möglichkeit, die Fantasie des Menschen zum Handeln zu beflügeln. Jede Arbeit, die mit Liebe verrichtet wird, ist heilig, da sie dem, der sie tut, das Glück der Selbstverwirklichung beschert.

9. Offenheit gegenüber allen Dingen

Toleranz gehört zu den höchsten geistigen und kulturellen Werten. Sie kann nur von Menschen ausgedrückt werden, die zu jeder Zeit allen Dingen gegenüber geistig offen sind. Nur derart unvoreingenommene Menschen sind wirklich gebildet und so erkennbar bereit, die großen Reichtümer des Lebens zu empfangen.

10. Selbstdisziplin

Ein Mensch, der nicht sein eigener Herr ist, wird niemals in der Lage sein, irgendetwas zu meistern. Nur, wer Herr über sein Ich ist, kann auch zum Meister seiner eigenen irdischen Bestimmung werden und zum »Meister seines Schicksals und zum Kapitän seiner Seele«.

Die höchste Form der Selbstdisziplin besteht darin, im Herzen bescheiden zu bleiben und diese Bescheidenheit auch dann noch zu leben, wenn man große Reichtümer erreicht hat oder von jener Lawine überrollt wurde, die wir gemeinhin als Erfolg bezeichnen.

11. Die Fähigkeit, andere zu verstehen

Jeder, dessen Reichtum sich auch auf die Fähigkeit erstreckt, andere Mensch zu verstehen, wird klar erkennen: Alle Menschen sind im Grunde gleich, da sie alle dieselbe Abstammung teilen und da sich alles, was die Menschen tun, auf eines oder mehrere von neun Grundmotiven des Lebens zurückführen lässt:

- das Gefühl der Liebe
- den Geschlechtstrieb
- den Wunsch nach materiellem Gewinn
- den Selbsterhaltungstrieb
- den Wunsch nach geistiger und körperlicher Freiheit
- den Wunsch nach Selbstverwirklichung

- den Wunsch nach einem Leben nach dem Tod
- das Gefühl des Zorns
- das Gefühl der Angst

Ein Mensch, der andere verstehen will, muss allerdings zuerst sich selbst verstehen.

Durch die Fähigkeit, andere zu verstehen, werden viele der zahlreichen Spannungsursachen zwischen den Menschen ausgeschaltet. Diese Fähigkeit bildet auch die Basis jeder Freundschaft und ist die Grundlage für Harmonie und Zusammenhalt zwischen den Menschen. Sie ist von größter Wichtigkeit für denjenigen, der Menschen führen und freundschaftlich mit ihnen arbeiten will. Einige glauben außerdem, durch die Fähigkeit, andere zu verstehen, seien wir in der Lage, einen wichtigen Schritt zu tun, um den Schöpfer aller Dinge zu verstehen.

12. Finanzielle Sicherheit

Der letzte, aber sicherlich nicht unwichtigste der Zwölf Reichtümer ist der materielle Reichtum.

Finanzielle Sicherheit erreicht man jedoch nicht allein durch die Anhäufung von Geld. Man erlangt sie vielmehr durch den Dienst an anderen, denn nützliche Dienste lassen sich in allen möglichen Formen menschlicher Bedürfnisse erweisen, sei es mit oder ohne den Einsatz von Geld.

Henry Ford verfügte über finanzielle Sicherheit, aber nicht, weil er ein riesiges Geldvermögen erbte, sondern aus viel besseren Gründen: Er verschaffte nicht nur Millionen von Männern und Frauen eine lukrative Arbeitstelle, er garantierte durch seine Automobile auch einer noch viel größeren Anzahl von Menschen zuverlässigen Transport. Die Dienste, die er leistete, zogen das Vermögen nach sich, das er erhielt, und auf genau diese Weise muss jede Form dauerhafter finanzieller Sicherheit entstehen.

Ich werde Ihnen in Kürze die Prinzipien darlegen, durch die Sie finanzielle und alle weiteren Formen des Reichtums erlangen können, aber zunächst muss ich Sie darauf vorbereiten, diese Prinzipien auch anzuwenden. Ihr Geist muss bereit dafür sein, Reichtümer anzunehmen, genau wie ein Boden für das Pflanzen neuer Setzlinge bereit sein muss.

Wenn wir für eine Sache bereit sind, wird sie sich *fraglos auch ereignen!*

Dies bedeutet jedoch nicht, dass die Dinge, die wir brauchen, ohne Grund entstehen, denn es besteht ein riesiger Unterschied zwischen den Bedürfnissen eines Menschen und seiner Empfangsbereitschaft. Diesen Unterschied nicht zu erkennen, bedeutet, die wichtigsten Vorzüge zu verpassen, die ich Ihnen zu übermitteln versuchen möchte.

Haben Sie also etwas Geduld und lassen Sie mich auf dem Weg vorangehen, der Sie bereit macht, alle Reichtümer zu empfangen, die Sie sich wünschen. Aber ich werde Sie auf *meine Weise* führen müssen!

Meine Weise wird Ihnen anfangs vermutlich seltsam erscheinen, aber davon sollten Sie sich nicht beirren lassen, da alle neuen Ideen seltsam erscheinen. Wenn Sie daran zweifeln, dass mein Weg wirklich praktikabel ist, sollten Sie Mut aus der Tatsache schöpfen, dass er mich zu enormem Reichtum geführt hat.

Menschlicher Fortschritt hat sich immer schleppend entwickelt, weil der Mensch sich schon immer gegen neue Gedanken sträubt. Als Samuel Morse sein System der telegrafischen Kommunikation vorstellte, wurde er von aller Welt verhöhnt. Seine Methode war unorthodox. Sie war neu und wurde daher von Argwohn und Zweifeln begleitet.

Die Welt spottete auch über Marconi, als er seine verbesserte Version von Morses System verkündete: ein kabelloses Kommunikationssystem.

Thomas A. Edison wurde zum Ziel des Gespötts, als er seine Erfindung der elektrischen Glühlampe vorstellte. Henry Ford machte dieselbe Erfahrung, als er der Welt ein Fahrzeug mit Eigenantrieb präsentierte, das den Platz der Pferdekutschen einnehmen sollte.

Als Wilbur und Orville Wright die Vollendung einer funktionstüchtigen Flugmaschine verkündeten, war die Welt so wenig beeindruckt, dass die Zeitungsjournalisten darauf verzichteten, sich eine Vorführung der Maschine anzusehen.

Dann folgte die Entdeckung des modernen Rundfunks, ein Wunder menschlichen Genies, das die Menschen in aller Welt einander näherbringen sollte. Aufgrund ihres *unvorbereiteten Verstandes* sahen die Menschen darin jedoch nur ein Spielzeug, das ihre Kinder belustigte, nichts weiter.

Ich erwähne all diese Tatsachen, um Sie, die Sie auf der Suche nach Reichtum neue Wege beschreiten, daran zu erinnern, sich nicht von diesen neuen Wegen entmutigen zu lassen. Machen Sie sich meine Philosophie zu eigen. Sicher wird sie Sie ebenso zum Erfolg führen, wie sie auch mich dorthin geführt hat.

Ich werde Ihnen als Führer zum Reichtum dienen. Mein Lohn für diese Bemühungen wird mindestens so hoch sein wie der Nutzen, den Sie daraus ziehen. Das ewige Gesetz der Entschädigung garantiert dies. Mein Lohn mag nicht direkt von Ihnen stammen, auch wenn ich Ihnen meine Philosophie nähergebracht habe, aber er wird mich auf irgendeine Weise gewiss erreichen. Denn er ist Teil der großen Kosmischen Ordnung, dass niemand einen nützlichen Dienst erbringt, ohne einen gerechten Lohn dafür zu erhalten. »Tue es einfach«, sagte schon Ralph Waldo Emerson, »und du wirst Stärke finden.«

Wichtiger als die Frage, was ich für meine Bemühungen, Ihnen zu dienen, erhalten werde, ist jedoch die Tatsache, dass ich der Welt gegenüber die Verpflichtung habe, ihr etwas zurückzugeben – weil sie mir so viel Glück gegeben hat. Nur mit der Hilfe von vielen anderen Menschen konnte ich meinen Reichtum erlangen. Ich habe gesehen, dass alle, die zu dauerhaftem Glück kamen, die Leiter des Wohlstands mit zwei ausgestreckten Händen hinaufgeklettert sind: Eine Hand griff nach oben, um die Hilfe derer entgegenzunehmen, die schon auf der nächsthöheren Stufe standen, und die andere Hand streckte sich nach unten aus, um denen zu helfen, die unter ihm klettern.

Ich möchte Sie hiermit nochmals ermahnen, ebenfalls mit ausgestreckten Händen weiterzugehen, um Hilfe geben und empfangen zu können. Um *nehmen* zu dürfen, muss man erst *geben!*

Ich betone das so sehr, weil auch ich nicht vergessen darf, zu *geben!*

Jetzt, da Sie wissen, was wahrer Reichtum im Leben ist, möchte ich Ihnen den nächsten Schritt zeigen, den Sie gehen müssen, um Ihren Geist darauf *einzustellen*, Reichtümer zu empfangen.

Ich habe bereits ausgeführt, dass ich durch die Hilfe anderer Menschen zu meinem Reichtum gekommen bin. Einige von diesen Menschen, die ich im Laufe dieses Buches erwähnen werde, sind bekannte Persönlichkeiten, die ihren Teil zur Weiterentwicklung unserer Kultur und unserer Wirtschaft beitrugen.

Andere Helfer waren Unbekannte, deren Namen Sie wohl nicht kennen werden. Zu diesen *Unbekannten* gehören acht meiner Freunde, die mir am meisten dabei geholfen haben, meinen Geist darauf vorzubereiten, Reichtum und Glück zu empfangen.

Ich nenne diese Freunde die »Acht Prinzen«. Sie dienen mir, wenn ich wach bin, und sie dienen mir, wenn ich schlafe.

Auch wenn ich den *Prinzen* noch nie persönlich begegnet bin, haben sie meine Reichtümer stets behütet; sie haben mich vor Angst, Neid, Gier, Zweifeln, Unentschlossenheit und unnötigem Hinauszögern beschützt. Sie haben mich dazu inspiriert, auf eigene Initiative tätig zu werden. Sie hielten meine Fantasie lebendig, und sie haben mir zu der Entschlossenheit und den Glauben verholfen, die ich brauchte, um mich auf meine Ziele zu konzentrieren und sie zu erreichen.

Sie sind die wahren Wegbereiter meines Geistes, die Urheber *meiner positiven Geisteshaltung!* Darf ich sie Ihnen nun vorstellen, damit sie Ihnen in Zukunft genauso dienen können?

3

Die Acht Prinzen

Sie können die Prinzen auch anders nennen, wenn Ihnen ein anderer Name besser gefällt: Berater vielleicht. Oder Idole. Ratgeber. Wächter über Ihre gesunden Gedanken ...

Die Prinzen helfen mir durch eine Methode, die ebenso einfach wie anpassungsfähig ist. Jeden Abend, wenn alles, was ich mir für einen Tag vorgenommen habe, erledigt ist, setze ich mich mit den Prinzen an einen runden Tisch. Hauptzweck der Diskussionsrunde ist, den Prinzen dafür zu danken, dass sie mir den ganzen Tag über so gut gedient haben.

Die Besprechung läuft exakt so ab, als würden die Prinzen mir in Fleisch und Blut gegenübersitzen, aber natürlich existieren sie nur auf einer höheren Ebene, nicht auf der physischen. Ich nehme alleine durch die Kraft meiner Gedanken Kontakt zu ihnen auf.

Dies ist wahrscheinlich die erste Prüfung Ihrer Fähigkeit, Ihren Geist darauf *auszurichten,* Reichtümer anzunehmen. Sollten sie Ihnen erst einmal einen Schock versetzt haben, dann denken Sie daran, was passierte, als Morse, Marconi, Edison, Ford oder die Gebrüder Wright ihre neuen, verbesserten Erfindungen zum ersten Mal präsentierten – das wird Ihnen helfen, sich von Ihrem Schock zu erholen.

Nun wollen wir eine Konferenz mit den Prinzen abhalten und unsere *Dankbarkeit* zeigen:

»Der heutige Tag war wundervoll. Er hat mir körperliche und geistige Gesundheit geschenkt. Er hat mir Nahrung und Kleidung gegeben. Er war ein weiterer Tag, an dem ich die Möglichkeit hatte, anderen zu helfen. Er hat mir innere Ruhe und Freiheit von allen Ängsten geschenkt.

Für diese segensreichen Gaben bin ich euch dankbar, meine mich leitenden Prinzen. Ich bin euch allen dankbar dafür, dass ihr die Wirren meiner Vergangenheit entwirrt und so meinen Geist, meinen Körper und meine Seele von allen Ursachen der Angst und des Streites befreit habt.

Prinz des materiellen Wohlstands, ich danke dir dafür, dass du mein Bewusstsein auf Positives ausgerichtet hast, auf Überfluss und Fülle. So hast du mich von der Angst vor Armut und Mangel befreit.

Prinz der guten körperlichen Gesundheit, ich danke dir dafür, dass du mein Bewusstsein auf Positives ausgerichtet hast, auf Gesundheit. So hast du dafür gesorgt, dass jede Zelle und jedes Organ meines Körpers in ausreichendem Maße von kosmischer Energie durchströmt wird. So hast du eine Verbindung zur Unendlichen Intelligenz hergestellt, durch die diese Energie dorthin fließen und dort wirken kann, wo sie benötigt wird.

Prinz des Seelenfriedens, ich danke dir dafür, dass du meine Gedanken von allen Schranken und selbst auferlegten Grenzen befreit hast. So hast du meinem Körper und meinem Geist vollkommene Ruhe geschenkt.

Prinz der Hoffnung, ich danke dir dafür, dass du heute meine Wünsche erfüllt hast und das Versprechen gabst, mir auch morgen beim Erreichen meiner Ziele zur Seite zu stehen.

Prinz des Glaubens, ich danke dir dafür, dass du mich geleitet hast. Du hast mich dazu inspiriert, das zu tun, was mir hilft und mich gleichzeitig davor bewahrt, etwas zu tun, das mir Schaden zugefügt hätte. Du hast meinen Gedanken Kraft verliehen und meinem Handeln Elan. Du hast mir nicht nur das Wissen geschenkt, das mich dazu befähigt, die Gesetze der Natur zu verstehen, sondern auch das Urteilsvermögen, das mich in die Lage versetzt, mit ihnen in Harmonie zu leben.

Prinz der Liebe, ich danke dir dafür, dass du mich inspiriert hast, meinen Reichtum mit allen zu teilen, denen ich heute begegnet bin. Du hast mir gezeigt, dass ich nur das, was ich anderen gebe, wirklich mein Eigen nennen kann. Ich bin dir auch dafür dankbar, dass du mir ein Bewusstsein gegeben hast, das Liebe empfinden kann. Denn Liebe macht das Leben und alle Beziehungen zu anderen Menschen schön.

Prinz der Romantik, ich danke dir dafür, dass du in mir den Geist der Jugend lebendig hältst, ganz gleich, wie viele Jahre auch vergehen.

Prinz der großen Weisheit, ich bin dir auf ewig dankbar dafür, dass du all mein Versagen in der Vergangenheit, all meine Niederlagen, Irrtümer, Ängste, Fehler, Enttäuschungen und Nöte in einen dauerhaften Gewinn verwandelt hast. Dieser Gewinn zeigt sich in meinem Willen und in meiner Fähigkeit, andere dazu zu ermutigen, die Kontrolle über ihre eigenen Gedanken zu übernehmen, und die geistige Kraft dafür einzusetzen, die Reichtümer des Lebens zu erlangen. Dadurch genieße ich das Privileg, mein Glück mit all denen zu teilen, die bereit sind, es anzunehmen. Deswegen vergrößerte sich mein eigener Reichtum im selben Maße, wie es meinen Mitmenschen Gewinn brachte.

Ich bin dir außerdem dankbar dafür, dass du mir die Augen dafür geöffnet hast, zu erkennen, dass keine menschliche Erfahrung nutzlos sein muss. Du hast mich begreifen lassen, dass die Macht der Gedanken die einzige Macht ist, die ich vollkommen steuern kann, und dass diese geistige Kraft in Glück verwandelt werden kann und dass sie keine Grenzen kennt, außer denen, die ich mir selbst setze.«

Einen größten Teil meines Glücks verdanke ich dem glücklichen Umstand, dass ich die Acht Prinzen gefunden habe, denn sie haben meinen Geist darauf vorbereitet, die Zwölf Reichtümer des Lebens anzunehmen.

Das tägliche Gespräch mit den Prinzen sichert mir den Erhalt meines Glücks, ganz gleich, wie meine Lebensumstände auch aussehen mögen. Die Prinzen dienen mir als Medium, durch das ich meine Gedanken auf die Dinge lenken kann, *die ich mir wünsche* und sie sorgen dafür, dass ich nicht an all jene Dinge denke, die mich negativ beeinflussen! Auf diese Weise dienen sie mir zuverlässig als positive Energie.

Die Prinzen helfen mir, meine Gedanken beharrlich auf mein höchstes Lebensziel auszurichten und alles dafür zu tun, um dieses Ziel zu verwirklichen. Dank ihrer Hilfe bin ich im Reinen mit mir selbst und der Welt und im Einklang mit meinem Gewissen. Sie helfen mir dabei, die Türen meines Geistes vor unangenehmen Gedanken an vergangenes Versagen und vergangene Niederlagen zu schließen. Ja, sie helfen mir dabei, all diese früheren Fehler in wertvolle Erfahrungen zu verwandeln.

Die Acht Prinzen haben mir die Existenz jenes »anderen Ichs« enthüllt, das von einer Macht angetrieben wird, die alles als möglich erachtet – denn es denkt, plant, wünscht, handelt und bewegt sich mit einer unwiderstehlichen Kraft vorwärts.

Die Prinzen haben mir auch immer wieder bewiesen, dass in jedem Unglück auch der Keim eines entsprechenden großen Nutzens steckt. Wenn ich also, wie jeder Mensch in seinem Leben, von einem Schicksalsschlag heimgesucht werde, lasse ich mich davon nicht einschüchtern, sondern beginne sofort, nach diesem *Keim des entsprechenden Glücks* zu suchen und ihn als Chance zu nutzen.

Die Prinzen haben mir die Kraft gegeben, mich gegen meinen größten Feind zu behaupten – mich selbst. Sie haben mir gezeigt, was gut für meinen Körper und meine Seele ist, und so haben sie mich unweigerlich zur Quelle alles Guten geführt. Sie haben mir die Augen dafür geöffnet, dass wahres Glück nicht alleine in materiellem Besitz zu finden ist, sondern im Privileg, diese zu nutzen, um seine Ziele zu erreichen. Und sie haben mich gelehrt, dass es größeren Segen bringt, anderen zu helfen, als die Hilfe anderer anzunehmen.

Ist Ihnen aufgefallen, dass ich die Prinzen niemals um etwas bitte? Im Gegenteil, mein tägliches Gespräch mit den Prinzen dient alleine dazu, ihnen meine Dankbarkeit zu zeigen. Denn die Prinzen kennen meine Bedürfnisse und erfüllen sie. Sie erfüllen sie sogar reichlich.

Die Prinzen haben mir beigebracht, nur darüber nachzudenken, was ich *geben* kann, sodass ich vergesse, was ich dafür als Gegenleistung *bekommen* möchte. Sie haben mir beigebracht, wie ich allmählich zu einer Lebensweise gelange, die auf die Kräfte aufbaut, die in mir selbst ruhen – auf eine Macht, die aus meinem Inneren kommt und mit der ich all meine Probleme lösen und meine materiellen Wünsche erfüllen kann.

Die Prinzen haben mich gelehrt, innere Ruhe zu erlangen und tief auf mich selbst zu hören! Sie haben mir den *Glauben* geschenkt, meine Vernunft außer Acht zu lassen und mich von meinem tiefsten Inneren in vollem Vertrauen leiten zu lassen. Dabei vertraue ich darauf, dass die leise Stimme, die aus meinem Inneren spricht, den Kräften meines Verstandes überlegen ist. So gaben mir die Prinzen den Schlüssel, der das Tor zum Glück öffnet.

Das Bekenntnis meines Lebens wurde von den Prinzen inspiriert. Lassen Sie es mich mit Ihnen teilen, damit auch Sie es als Ihr Credo annehmen können.

Das Bekenntnis eines glücklichen Menschen

Ich habe mein Glück gefunden, indem ich anderen half, das ihre zu finden.

Ich erfreue mich guter körperlicher Gesundheit, weil ich in allen Dingen Mäßigkeit übe und nur die Nahrungsmittel esse, die von der Natur zur Erhaltung des menschlichen Körpers vorgesehen sind.

Ich bin frei von Ängsten jeglicher Art.

Ich hasse oder beneide niemanden, aber ich liebe alle Menschen.

Ich widme mich meiner Arbeit und liebe sie. Ich achte aber auch darauf, einen großzügigen Anteil an Freizeit zu nehmen, sodass sie mir niemals langweilig wird.

Ich bin jeden Tag dankbar – nicht dafür, dass ich noch mehr Reichtum erlangt habe, sondern für die Weisheit, den übergroßen Reichtum, der mir zur Verfügung steht, zu erkennen, anzunehmen und richtig zu nutzen.

Ich rede nicht über andere, es sei denn, um sie zu ehren.

Ich bitte niemanden um einen Gefallen, es sei denn um den, meine Reichtümer mit denjenigen teilen zu dürfen, die bereit sind, sie anzunehmen.

Ich bin im Einklang mit meinem Gewissen, deshalb führt es mich bei allem, was ich tue, auf den rechten Weg.

Ich habe keine Feinde, da ich niemals andere verletze, ganz gleich, was passiert. Im Gegenteil, ich helfe jedem, dem ich begegne, sein Glück zu finden, indem ich ihm den Weg zu dauerhaftem Reichtum zeige.

Ich verfüge über mehr materiellen Wohlstand, als ich benötige, da Gier mir völlig fremd ist. Ich begehre nur die materiellen Güter, die ich im Laufe meines Lebens auch nutzen kann.

Zu meinem Besitz gehören Reichtümer, für die ich nicht besteuert werden kann, da sie nur immateriellen Wert haben. Sie existieren alleine in meiner Vorstellung. Niemand kann sie fassen oder sie nutzen – außer jemand, der auf meine Weise lebt. Ich habe sie erlangt, weil ich die Gesetze der Natur beobachtet und meine Gewohnheiten an sie angepasst habe.

Nun möchte ich Ihnen eine Philosophie vorstellen, die jeder beachten muss, der die Zwölf Reichtümer des Lebens erhalten möchte. Bis jetzt kennen Sie nur die Methode, mit der Sie Ihren Geist darauf vorbereiten können, diese Reichtümer zu empfangen. Aber das war erst der Anfang. Ich werde Ihnen außerdem erklären, wie Sie zu diesen Reichtümer kommen und den größtmöglichen Nutzen daraus ziehen können.

Die Geschichte reicht viele Jahre zurück und beginnt im Leben von Andrew Carnegie. Er lebte von 1835 bis 1919. Seinerzeit war er der reichste Mann der Welt. Carnegie war ein großer Menschenfreund, dessen Werdegang beispielhaft für das amerikanische Wirtschaftssystem der damaligen Zeit ist. Sein finanzieller Reichtum war so überwältigend, dass er nicht lange genug lebte, um ihn selbst wieder verschenken zu können. Deshalb hat er das meiste davon an Menschen weitergegeben, die sich bis heute immer noch damit beschäftigen, dieses Geld zum Wohl der Menschheit einzusetzen.

Auch Carnegie hatte das Glück, Hilfe von den Acht Prinzen zu erhalten. Der Prinz der großen Weisheit leistete ihm so gute Dienste, dass er Andrew Carnegie nicht nur dazu inspirierte, sein gesamtes Vermögen zu verschenken – Carnegie bemühte sich auch, den Menschen eine Lebensphilosophie zu vermitteln, durch die sie ebenfalls zu Reichtum und Glück gelangen können.

Diese Philosophie besteht aus siebzehn Grundsätzen. Für die Ausarbeitung dieser Philosophie benötigte ich zwanzig Jahre harter Arbeit. Aber nicht nur Carnegie selbst, auch mehr als fünfhundert weitere erfolgreiche amerikanische Führungspersönlichkeiten aus der Industrie halfen mir bei der Ausarbeitung, indem sie mir ihre Erfahrungen anvertrauten.

Carnegie beschrieb die Gründe, die ihn dazu bewogen, eine Philosophie des persönlichen Erfolges formulieren zu lassen, mit folgenden Worten: »Ich habe mein Vermögen durch die Anstrengungen anderer Menschen erlangt, und ich werde es an die Menschen zurückgeben, sobald ich einen Weg gefunden habe, dies zu tun, ohne in ihnen *den Wunsch zu wecken, man könne etwas erhalten ohne eigene Anstrengung.* Der wichtigste Teil meines Reichtums besteht jedoch in meinem Wissen, durch das ich sowohl meine fassbaren als auch meine geistigen Reichtümer erlangt habe. Daher möchte ich dieses Wissen zu einer Philosophie ausarbeiten lassen, damit es so allen Menschen zugänglich gemacht wird, die nach einer Chance suchen, um sich im unserem Wirtschaftssystem zu verwirklichen.«

Diese Erfolgsphilosophie, die Carnegie den Menschen schenken wollte, führte auch mich zu den Zwölf Reichtümern und zu der Chance, mein Leben als glücklicher Mensch zu verbringen. Diese Philosophie müssen auch Sie sich zu eigen machen und anwenden, wenn Sie hoffen, diese Reichtümer zu empfangen, die ich mit Ihnen teilen möchte.

Bevor ich die Grundsätze dieser Philosophie beschreibe, möchte ich kurz darauf hinweisen, dass diese Philosophie bereits in viele Sprachen übersetzt wurde – in meinem Buch *Denke nach und werde reich.*

Es ist durchaus möglich, dass durch sie ein neuer Geist der Freundschaft zwischen allen Völkern der Welt entsteht, da sie sich weder auf einen religiösen Glauben noch auf eine Vereinigung stützt. Sie basiert ausschließlich auf der Grundlage des dauerhaften Erfolges und auf den Leistungen von Menschen in allen erdenklichen Bereichen.

Diese Philosophie ist allen Religionen gegenüber offen, gehört selbst jedoch keiner an! Sie ist von so universeller Natur, dass sie alle Menschen in ihren Bemühungen unwillkürlich zum Erfolg führt. Viel entscheidender als all dies ist jedoch die Tatsache, dass diese Philosophie so simpel ist, dass Sie sofort beginnen können, mit ihr zu arbeiten.

Kommen wir also nun zur Enthüllung der Geheimnisse des Schlüssels zum Reichtum des Lebens!

Die Geheimnisse sind zusammengefasst in siebzehn Prinzipien, die Sie direkt wie eine zuverlässige Straßenkarte zur Quelle aller Reichtümer führen, egal, ob es sich um materiellen oder geistigen Reichtum handelt. Folgen Sie der Karte, dann können Sie Ihr Ziel nicht verfehlen. Sie sollten aber bereit sein, allen Anweisungen zu folgen und die gesamte Verantwortung, die mit dem Besitz großer Reichtümer einhergeht, anzunehmen. Vor allem sollten Sie aber niemals vergessen, dass dauerhaftes Glück mit anderen geteilt werden muss und dass wir für alles, was wir erreichen, einen Preis zu zahlen haben.

Der Schlüssel kann niemals alleine durch einen einzelnen dieser Grundsätze genutzt werden, denn sein Geheimnis verbirgt sich in der Kombination aller siebzehn Prinzipien. Diese Prinzipien stehen für siebzehn Türen, die man aufschließen muss, um in die innere Kammer zu gelangen – dort ist die Quelle aller Reichtümer eingeschlossen. Nur der Hauptschlüssel öffnet die Tür zu dieser Kammer – und diesen Hauptschlüssel können sie erst nutzen, sobald Sie wirklich dazu bereit sind, diese Reichtümer anzunehmen. Ihre Vorbereitung besteht darin, die ersten fünf dieser siebzehn Grundsätze zu verstehen und umzusetzen. Ich erkläre sie Ihnen nun ausführlich.

4

Eindeutige Zielsetzung

Es ist eine eindrucksvolle Erkenntnis, dass alle großen Anführer aus allen Schichten der Gesellschaft und zu jeder Zeit in der Geschichte ihre leitende Stellung dadurch erlangten, dass sie sich mit all ihren Kräften ein klares Ziel suchten.

Es ist nicht weniger eindrucksvoll, zu beobachten, dass Menschen, die wir als Versager sehen, niemals ein solches Ziel verfolgen. Diese Menschen drehen sich immer nur im Kreis – wie ein Schiff ohne Steuermann – und kehren stets mit leeren Händen wieder an ihren Ausgangspunkt zurück.

Einige dieser *Versager* hatten anfangs wahrscheinlich ein bestimmtes Ziel, doch sie wichen von diesem Ziel ab, als sie eine zwischenzeitliche Niederlage erlitten oder die Hindernisse zu zäh wurden. Versager geben zu schnell auf, denn sie wissen nicht, dass es eine Regel des Erfolges gibt, die ebenso zuverlässig ist wie die Gesetze der Mathematik. Sie kommen daher nie auf die Idee, dass ein zwischenzeitlicher Fehlschlag nichts weiter ist als eine Prüfung, die sich als versteckter Segen erweisen kann, wenn man sie nicht als endgültig anerkennt.

Es ist eines der großen Dramen der Zivilisation, dass achtundneunzig von hundert Personen durch ihr gesamtes Leben gehen, ohne jemals etwas erreichen zu wollen, das auch nur annähernd einem klaren höheren Ziel gleicht! Andrew Carnegie hat diese Tragödie erkannt, und sie inspirierte ihn dazu, etwa fünfhundert bekannte amerikanische Führungspersönlichkeiten aus der Industrie zu bitten, bei der Ausarbeitung dieser Philosophie des persönlichen Erfolges mitzuwirken.

Die erste Prüfung, der Carnegie alle Mitarbeiter unterzog, die er für eine Beförderung in eine Führungsposition in Betracht zog, bestand darin, dass er einschätzte, inwieweit sie dazu bereit waren, freiwillig mehr zu leisten, als von ihnen verlangt wurde. Seine zweite Prüfung bestand darin, festzustellen, ob sie sich innerlich fest auf ein bestimmtes Ziel ausgerichtet und die nötigen Vorbereitungen getroffen hatten, um dieses Ziel zu erreichen.

»Als ich Mr. Carnegie um meine erste Beförderung bat«, sagte Charles M. Schwab, »grinste er breit und antwortete: *Wenn Sie sich voll und ganz einem Ziel verschrieben haben, dann gibt es nichts, was Sie davon abhalten kann, es auch zu erreichen.*«

Schwab wusste genau, was er wollte: den höchsten Posten direkt unter Carnegie. Und Carnegie half ihm dabei, ihn auch zu bekommen.

Eine der seltsamen Tatsachen in Bezug auf Menschen, die mit einem festen Ziel vor Augen durchs Leben gehen, ist, wie bereitwillig die Mitmenschen ihnen Platz machen, wenn sie ihnen begegnen, und wie bereitwillig sie ihnen bei der Verwirklichung ihrer Ziele helfen.

Es gibt eine Geschichte, die veranschaulicht, wie es zur Entstehung dieser Philosophie kam. Sie macht deutlich, welch große Bedeutung Andrew Carnegie einer zielbewussten, festen Entschlossenheit beimaß.

Carnegie hatte bereits sein großes Stahlindustrie-Imperium geschaffen und besaß bereits ein riesiges finanzielles Vermögen, als er sich der Aufgabe verschrieb, sein Kapital sinnvoll zu nutzen und zu verteilen. Nachdem er erkannt hatte, dass der wertvollste Teil seines Reichtums in dem Wissen bestand, durch das er seine materiellen Reichtümer und sein Verständnis für zwischenmenschliche Beziehungen erlangt hatte, wurde es zu seinem höchsten Lebensziel, jemanden dafür zu begeistern, eine Philosophie zu entwickeln, durch die sein Wissen allen vermittelt werden konnte, die daran interessiert waren.

Er war zu diesem Zeitpunkt aber auch reich an Jahren und ihm war klar, dass es für diese Aufgabe der Dienste eines jungen Mannes bedurfte, der sowohl die Zeit als auch die Bereitschaft mitbrachte, zwanzig oder mehr Jahre in die Erforschung des persönlichen Erfolges zu investieren.

Nachdem er mit über zweihundertfünfzig Personen gesprochen hatte, von denen er glaubte, sie verfügten über die notwendigen Fähigkeiten, traf er durch reinen Zufall auf mich – einen jungen Mann, der von einer Zeitschrift geschickt worden war, um ein Interview über Carnegies persönliche Erfolge zu führen. Dank seiner umfassenden Menschenkenntnis erkannte Carnegie, dass ich offenbar die Eigenschaften besaß, nach denen er schon so lange gesucht hatte – und so entwickelte er einen findigen Plan, um mich einer Prüfung zu unterziehen.

Er begann damit, dass er mir die Geschichte seines persönlichen Erfolges erzählte. Anschließend erklärte er mir, die Welt brauche eine anwendbare Philosophie des persönlichen Erfolges, die es auch dem einfachsten Arbeiter ermögliche, Reichtümer in jeder Form und in jedem Ausmaß anzuhäufen, die er sich wünschte.

Drei Tage und Nächte sprach er über diese Idee, beschrieb ausführlich, wie man bei der Ausarbeitung einer solchen Philosophie zu Werke gehen sollte. Am Ende seiner Geschichte war Carnegie schließlich bereit, mich auf die Probe zu stellen, um herauszufinden, ob er endlich einen Mann gefunden hatte, auf den er sich bei der Ausarbeitung seiner Idee verlassen konnte.

»Sie kennen nun meine Idee einer neuen Philosophie«, sagte er, »und ich möchte Ihnen dazu eine Frage stellen. Ich möchte Sie bitten, diese Frage mit einem einfachen *Ja* oder *Nein* zu beantworten. Die Frage lautet: Wenn ich Ihnen die Möglichkeit gebe, die weltweit erste Philosophie des persönlichen Erfolges auszuarbeiten und Sie darüber hinaus mit Männern bekannt mache, die Ihnen bei der Ausarbeitung helfen können und werden, möchten Sie diese Möglichkeit dann ergreifen? Und werden Sie die Aufgabe bis zum Ende erfüllen, wenn Sie sie erst einmal übernommen haben?«

Ich räusperte sich, brachte im ersten Moment nur ein Stammeln hervor. Dann antwortete ich jedoch mit einem kurzen Satz, der mir die Chance eröffnen sollte, meine Fähigkeiten dafür einzusetzen, überall auf der Welt Gutes zu vollbringen.

»Ja«, sagte ich bestimmt. »Ich würde diese Aufgabe nicht nur übernehmen, ich würde sie auch zu Ende bringen!«

Das war entschlossen! Es war genau das, wonach Carnegie gesucht hatte: *eine entschlossene Zielsetzung.*

Viele Jahre später erfuhr ich, dass Carnegie eine Stoppuhr in der Hand gehalten hatte, als er mir diese Frage stellte. Er hatte mir genau sechzig Sekunden Zeit gegeben, um zu antworten. Hätte die Antwort länger auf sich warten lassen, wäre die Chance vertan gewesen. Ich hatte nur neunundzwanzig Sekunden für meine Antwort gebraucht.

Carnegie erklärte den Grund für sein Zeitlimit so: »Ich habe die Erfahrung gemacht, dass man sich auf jemanden, der nicht in der Lage ist, schnell eine Entscheidung zu treffen, sobald ihm alle relevanten Fakten vorliegen, später auch bei anderen Entscheidung nicht verlassen kann. Ich habe außerdem erkannt, dass Menschen, die ihre Entscheidungen schnell treffen, meist auch in anderen Situation mit aller Entschlossenheit auf ihr Ziel hinarbeiten.«

Die erste Hürde von Carnegies Prüfung hatte ich also gemeistert, aber es sollte noch eine weitere folgen.

»Sehr gut«, sagte Carnegie. »Sie besitzen eine der beiden wichtigen Eigenschaften, über die die Person verfügen muss, die meine Philosophie ausarbeiten soll. Nun wird sich zeigen, ob Sie auch über die zweite Eigenschaft verfügen.

Wenn ich Ihnen die Möglichkeit gebe, diese Philosophie auszuarbeiten, sind Sie dann auch bereit, zwanzig Jahre Ihres Lebens zu investieren, um die Ursachen von Erfolg und Misserfolg zu erforschen, ohne dafür bezahlt zu werden? Sie müssten also nebenbei noch Ihren Lebensunterhalt verdienen!«

Diese Frage erschreckte mich, denn aufgrund von Carnegies riesigem Vermögen hatte ich selbstverständlich angenommen, finanziell unterstützt zu werden.

Ich gewann aber schnell meine Fassung wieder und fragte Carnegie, weshalb er denn nicht für eine so wichtige Aufgabe bezahlen wollte.

»Es ist nicht so, dass ich nicht gewillt wäre, Geld zur Verfügung zu stellen«, erwiderte er, »aber ich möchte herausfinden, ob Sie über die Fähigkeit verfügen, *freiwillig mehr zu leisten,* als man von Ihnen verlangt. Ob Sie also eine Leistung erbringen, ohne vorab eine Bezahlung zu verlangen.«

Anschließend erklärte er, die erfolgreichsten Menschen in allen Gesellschaftsschichten seien immer diejenigen gewesen, die die Angewohnheit besaßen, mehr zu leisten als von ihnen verlangt wurde. Er betonte außerdem, dass eine finanzielle Entlohnung oft mehr Schaden als Nutzen bringe, egal, ob es sich um eine einzelne Person oder eine Gruppe handle.

Carnegie erinnerte mich nun daran, dass er mir eine Gelegenheit bot, die er mehr als zweihundertfünfzig anderen Männern vorenthalten habe, und von denen seien einige viel älter und erfahrener gewesen als ich. Er schloss mit den Worten: »Wenn Sie die Gelegenheit, die ich Ihnen biete, richtig nutzen, ist es durchaus vorstellbar, dass Sie Ihnen Reichtümer von so fantastischem Ausmaß einbringt, dass mein materielles Vermögen dagegen winzig erscheinen wird. Denn ich biete Ihnen die Möglichkeit, die klügsten Geister dieses Landes zu studieren und von den Erfahrungen der größten Führungspersönlichkeiten Amerikas zu lernen. Sie können die gesamte zivilisierte Welt positiv beeinflussen, und Sie können sogar jene Menschen bereichern, die noch gar nicht geboren sind.«

Ich habe mir diese Gelegenheit nicht entgehen lassen!

Carnegies Prüfungen haben mich zu der Person geführt, nach der ich schon so lange gesucht hatte. Und so hatte ich meine erste Lektion in Sachen *eindeutige Zielsetzung* gelernt und meine Bereitschaft entdeckt, *freiwillig mehr zu leisten*, als man von mir verlangt.

Zwanzig Jahre später, fast auf den Tag genau, war die Philosophie, die Carnegie als den wertvollsten Teil seines Reichtums bezeichnete, fertiggestellt und wurde der Welt in einem achtbändigen Werk präsentiert.

»Und was wurde aus dem Mann, der dieser Aufgabe zwanzig Jahre seines Lebens gewidmet hat – ohne Bezahlung?«, fragen Sie sich nun wohl. »Welchen Lohn hat er für seine Arbeit erhalten?«

Eine vollständige Antwort auf diese Frage ist unmöglich, denn nicht einmal ich selbst kenne den gesamten Wert des Reichtums, der mir durch diese Aufgabe beschert wurde. Außerdem sind einige dieser Reichtümer so vielschichtig, dass sie mir noch für den Rest meines Lebens helfen werden.

Aber um all jene zufriedenzustellen, die Reichtum nur in materiellen Werten messen, kann ich sagen, dass ein Buch aus meiner Feder sowie das Wissen, das ich durch das Prinzip der zielbewussten Entschlossenheit erlangte, bereits einen geschätzten Gewinn von drei Millionen US-Dollar erbracht haben. *Insgesamt musste ich nur vier Monate investieren, um das Buch zu schreiben.*

Vereinen wir eine eindeutige Zielsetzung mit der Angewohnheit zielbewusster Entschlossenheit, entsteht dadurch eine so große Kraft, dass sie selbst die Fantasie der fantasievollsten Menschen übersteigt – und dabei sind dies nur zwei der siebzehn Prinzipien, die zu persönlichem Erfolg führen.

Diese beiden Prinzipien wurden hier nur zu einem einzigen Zweck in Verbindung gebracht: um zu zeigen, dass die Prinzipien dieser Philosophie wie die einzelnen Glieder einer Kette miteinander verbunden sind – und um zu verdeutlichen, dass diese Verbindung zur Entstehung einer unglaublichen Energie führt, die wir durch die Anwendung eines einzelnen Prinzips niemals erreichen könnten.

Wir kommen nun zur Analyse der Kraft einer eindeutigen Zielsetzung sowie zur Untersuchung der psychologischen Grundsätze, durch die diese Energie entsteht.

1. Ausgangspunkt jedes persönlichen Erfolges ist die Festlegung eines eindeutigen Lebenszieles und eines klaren Plans für dessen Verwirklichung.

2. Jeder Erfolg basiert auf einem bestimmten Motiv oder einer Kombination von Motiven. Es gibt neun grundlegende Motive, die bereits näher erläutert wurden und all unsere willentlichen Handlungen bestimmen.

3. Jede dominierende Idee, jeder Plan oder jedes Ziel, das sich in unserem Bewusstsein festsetzt, wird – durch Wiederholung in Gedanken und durch das brennende Verlangen nach seiner Verwirklichung – von unserem Unterbewusstsein übernommen, sodass wir auch entsprechend handeln und dieses Ziel durch alle natürlichen Mittel, die uns zur Verfügung stehen, zu seinem logischen Ergebnis führen.

4. Jedes starke Verlangen, jeder Plan und jedes Ziel, das sich in unserem Bewusstsein festsetzt und vom unbedingten Glauben an seine Verwirklichung gestützt wird, wird von unserem Unterbewusstsein übernommen, sodass wir umgehend danach handeln, *und es ist nicht bekannt, dass ein solches Verlangen jemals unerfüllt geblieben wäre.*

5. Die Kraft der Gedanken ist das Einzige, worüber jeder Mensch die vollkommene, unbestreitbare Kontrolle hat – eine Tatsache, die äußerst erstaunlich ist, da sie eine enge Beziehung zwischen dem menschlichen Verstand und dem Universellen Geist der Unendlichen Intelligenz bedeutet, wobei das Verbindungsglied zwischen beiden der *Glaube* ist.

6. Unser Unterbewusstsein ist das Tor zur Unendlichen Intelligenz. Es reagiert in der Stärke auf unsere Bedürfnisse, die unserem *Glauben* entspricht! Wir können unser Unterbewusstsein durch Glauben erreichen und ihm auf dieselbe Art Anweisungen geben wie einer eigenständigen Person oder einem eigenständigen Wesen.

7. Ein eindeutiges Lebensziel, gestützt von unerschütterlichem Glauben, zeugt von Weisheit, und Weisheit führt, wenn sie sich in Taten ausdrückt, zu positiven Ergebnissen.

Die wichtigsten Vorzüge einer eindeutigen Zielsetzung

Eine eindeutige, klare Zielsetzung stärkt Ihr Selbstvertrauen, Ihre Eigeninitiative, Ihre Vorstellungskraft, Ihre Begeisterungsfähigkeit und Ihre Selbstdisziplin und sie bündelt alle Ihre Anstrengungen; dies alles sind Grundvoraussetzungen für das Erreichen materiellen Erfolges.

Sie hilft uns außerdem dabei, unsere Zeit sinnvoll einzusetzen und alle unsere alltäglichen Vorhaben so zu planen, dass sie uns zur Erfüllung unseres *Hauptzieles* im Leben führen.

Eine eindeutige Zielsetzung macht uns empfänglicher, um sämtliche Möglichkeiten zu erkennen, die in Zusammenhang mit unserem *wichtigstem Ziel* stehen, und sie verleiht uns den nötigen Mut, diese Gelegenheiten zu ergreifen, wenn sie sich uns bieten.

Sie inspiriert uns zur Zusammenarbeit mit anderen Menschen.

Sie ebnet den Weg für die vollständige Entfaltung jenes Geisteszustands, den wir *Glauben* nennen, indem sie unsere Gedanken zum Positiven *lenkt* und sie von den Grenzen befreit, die durch Angst, Zweifel und Unentschlossenheit bestehen.

Eine eindeutige Zielsetzung fördert die Ausbildung eines Erfolgsbewusstseins, ohne das wir keines unserer Vorhaben erfolgreich abschließen könnten.

Eine eindeutige Zielsetzung überwindet die destruktive Angewohnheit des unentschlossenen Zögerns und sie führt uns schließlich direkt zur Entwicklung und dauerhaften Erhaltung eines der ersten der Zwölf Reichtümer: *einer positiven inneren Einstellung.*

Dies sind die wichtigsten Merkmale einer *eindeutigen Zielsetzung*. Sie bringt uns jedoch noch viele weitere positive Eigenschaften und Vorteile, denn sie steht in direktem Zusammenhang mit jedem einzelnen der Zwölf Reichtümer, und die können wir nur erreichen, wenn wir uns ein klar definiertes Ziel nach dem anderen setzen.

Wenn Sie das Prinzip der eindeutigen Zielsetzung nacheinander jedem der Zwölf Reichtümer gegenüberstellen, werden Sie erkennen, wie wichtig dieses Prinzip für das Erreichen jedes einzelnen von ihnen ist.

Sehen Sie sich die Menschen an, die auf irgendeinem Gebiet herausragende Leistungen erbracht haben, und Sie werden feststellen, dass jeder von ihnen ein ganz eindeutiges Lebensziel ins Zentrum seiner Anstrengungen rückte.

Henry Ford konzentrierte sich auf den Bau günstiger, zuverlässiger Automobile.

Thomas A. Edison widmete seine Fähigkeiten voll und ganz technischen Erfindungen.

Andrew Carnegie spezialisierte sich auf die Produktion und den Verkauf von Stahl.

F. W. Woolworth konzentrierte sich auf seine Fünf- und Zehn-Cent-Läden.

James J. Hill konzentrierte sich ganz auf den Aufbau und die Instandhaltung des großartigen transkontinentalen Eisenbahnsystems.

Alexander Graham Bell hat sich der wissenschaftlichen Forschung im Zusammenhang mit der Entwicklung des modernen Telefons verschrieben.

Marshall Field betrieb das größte Einzelhandelsgeschäft der Welt.

Cyrus H. K. Curtis widmete sein gesamtes Leben der Entstehung und Veröffentlichung der *Saturday Evening Post*.

Thomas Jefferson, George Washington, Abraham Lincoln und Thomas Paine widmeten den Großteil ihres Lebens und ihres Vermögens dem fortdauernden Kampf für die Freiheit aller Menschen.

Männer mit einem eindeutigen Ziel, jeder Einzelne von ihnen!

Man könnte diese Liste noch beliebig fortsetzen, mit den Namen all der großen Führungspersönlichkeiten, die zur Entwicklung unseres Lebensstils beigetragen haben, den wir heute kennen und von dem wir alle profitieren.

So findet man ein eindeutiges Lebensziel

Die Methode, die zur Entwicklung eines eindeutigen Lebenszieles führt, ist einfach, doch von größter Bedeutung:

1. Schreiben Sie klar und eindeutig auf, was Ihr *wichtigstes Ziel* im Leben ist. Unterschreiben Sie den Text und prägen Sie ihn sich gut ein. Stellen Sie sich das Erreichen dieses Zieles von nun an jeden Tag mindestens einmal vor, wenn möglich auch öfter, und sagen Sie dazu den Text laut auf. Indem Sie ihn ständig wiederholen, manifestieren Sie Ihr Ziel mit der Kraft Ihres gesamten Glaubens innerhalb der Unendlichen Intelligenz.

2. Schreiben Sie einen klaren, eindeutigen Plan nieder, mit dem Sie Ihr *wichtigstes Ziel* verwirklichen möchten. In diesem Plan sollte auch die maximale Zeitspanne enthalten sein, die Sie sich für die Verwirklichung dieses Zieles einräumen. Beschreiben Sie auch exakt, *was* Sie für die Verwirklichung Ihres Zieles als Gegenleistung zu geben bereit sind. Dabei sollten Sie immer daran denken, dass man niemals etwas für nichts bekommt, dass alles im Leben seinen Preis hat und dieser Preis vorab in der einen oder anderen Form gezahlt werden muss.

3. Gestalten Sie Ihren Plan so flexibel, dass es Ihnen jederzeit möglich ist, Änderungen vorzunehmen, falls Sie sich dazu inspiriert fühlen. Vergessen Sie nicht, dass die Unendliche Intelligenz, die in allen Atomen der Materie und jedem lebenden Wesen wirkt, Ihnen jederzeit einen Plan anbieten kann, der dem von Ihnen geschaffenen weit überlegen ist. Deshalb sollten Sie jederzeit bereit sein, einen solchen überlegenen Plan auch zu erkennen und umzusetzen, wenn er sich vor Ihrem inneren Auge entfaltet.

4. Behalten Sie Ihr *wichtigstes Ziel* und Ihren Plan unbedingt für sich, es sei denn, Sie versprechen sich eine zusätzliche Anregung für seine Durchführung.

Begehen Sie nicht den Fehler, anzunehmen, dass die hier dargelegten Prinzipien unseriös seien, nur weil Sie sie nicht verstehen. Folgen Sie den Anweisungen bis ins letzte Detail und mit festem Glauben, und denken Sie immer daran, dass Sie sich damit einer Methode bedienen, die bereits viele erfolgreiche Menschen anwenden.

Die Umsetzung dieser Anweisungen erfordert keine außergewöhnlichen Mühen. Sie müssen weder übermäßig viel Zeit aufwenden, noch Fähigkeiten besitzen, über die nicht auch jeder durchschnittlich begabte Mensch verfügt. Darüber hinaus stehen sie im perfekten Einklang mit den Philosophien aller echten Religionen.

Entscheiden Sie sich, was Sie sich von Ihrem Leben wünschen und was Sie dafür zu geben bereit sind. Entscheiden Sie sich, wohin Sie wollen und wie Sie dorthin gelangen möchten. Beginnen Sie Ihre Reise genau an der Stelle, an der Sie jetzt stehen.

Beginnen Sie mit den Mitteln, die Ihnen zur Verwirklichung Ihres Zieles zu diesem Zeitpunkt zur Verfügung stehen. Sie werden erkennen, dass sich Ihnen im selben Maße, in dem Sie sich dieser Mittel bedienen, neue und bessere Mittel und Wege enthüllen werden. Diese Erfahrung haben alle Menschen gemacht, die allgemein als erfolgreich betrachtet werden. Die meisten von ihnen haben sehr bescheiden angefangen und konnten dabei auf keine besonderen Hilfsmittel zurückgreifen – nur auf den leidenschaftlichen Wunsch, ein ganz bestimmtes Ziel zu erreichen.

In einem solchen Wunsch stecken aber geradezu magische Kräfte!

Eines sollten Sie auf Ihrem Weg stets bedenken: Das Gestern gehört für immer der Vergangenheit an! Das Morgen bleibt unerreichbar, aber das Heute ist das Morgen von gestern und es ist greifbar nahe. Wie werden Sie es nutzen?

Ich stelle Ihnen nun ein Prinzip vor, das der Grundstein zur Brücke ist, die zu allen großen Errungenschaften führt. Dieses Prinzip ist verantwortlich für unseren Wohlstand, unser System der freien Marktwirtschaft, unseren Reichtum und unsere Freiheit. Aber zunächst sollten wir sicherstellen, dass *Sie wirklich wissen, was Sie sich von Ihrem Leben wünschen.*

Gedanken, die zum Erfolg führen, beginnen als eindeutige Zielsetzung

Es ist eine wohlbekannte Tatsache, dass Gedanken das einzige Kapital ohne bestimmbaren Wert sind. Es ist ebenso bekannt, dass Ideen der Beginn jedes Erfolges sind. Ideen sind das Fundament jedes Vermögens, der Ausgangspunkt jeder Erfindung. Sie durchdringen die Luft und das Wasser der Ozeane, die uns umgeben. Sie ermöglichen es uns, die Energie, die die Erde umgibt und die als Äther bekannt ist, für uns nutzbar zu machen, sodass ein Gehirn sogar *telepathisch* mit einem anderen kommunizieren kann.

Alle Ideen beginnen als Ergebnis einer eindeutigen Zielsetzung. Die *Sprechmaschine*, also das Grammophon, war nichts weiter als eine abstrakte Idee, bis Edison kam. Er ordnete das Wissen, das mit diesem Gedanken zusammenhing, durch die bewusste Festlegung seines Zieles. Diese Vorstellung leitete er an sein Unterbewusstsein weiter, wo sie ins unerschöpfliche Reservoir der Unendlichen Intelligenz floss, das einen durchführbaren Plan zu ihm zurücksandte. Diesen durchführbaren Plan setzte er dann in eine Maschine um, die tatsächlich funktionierte.

Die Philosophie des persönlichen Erfolges begann als Gedanke im Kopf von Andrew Carnegie. Er stärkte diesen Gedanken durch eine eindeutige Zielsetzung und heute verhilft seine Philosophie Millionen von Menschen in der gesamten zivilisierten Welt zum Erfolg. Doch seine Idee hat beste Chancen, sich zu einem der wichtigsten *Antriebsstoffe* weltweit zu entwickeln, denn immer mehr Menschen beherzigen seine Philosophie. Sie dient ihnen als Wegweiser in einer Welt der wachsenden Hysterie, in der heute eine Atmosphäre der Schwarzseherei herrscht, und die droht, Millionen von Menschen durch zwischenzeitliche Niederlagen zu überwältigen.

Selbst der große nordamerikanische Kontinent wurde allein dank eines Gedankens, der im Geiste eines bescheidenen Seefahrers geboren und durch eine eindeutige Zielsetzung gestützt wurde, entdeckt und zivilisiert.

Jeder Gedanke, der in uns heranreift, dem wir besondere Bedeutung beimessen, fürchten oder achten, nimmt umgehend die praktischste, zweckmäßigste greifbare Form an, die zur Verfügung steht.

Alles, woran die Menschen glauben, worüber sie sprechen und was sie fürchten, sei es nun gut oder böse, besitzt die sichere Eigenschaft, sich in der einen oder anderen Form auch zu verwirklichen. Wir sollten dafür sorgen, dass auch alle, die dafür kämpfen, die Grenzen der Armut und der Not zu überwinden, diese große Wahrheit niemals vergessen, denn sie gilt nicht nur für jeden Einzelnen, sondern ebenso für ganze Nationen.

Autosuggestion - das Verbindungsglied zwischen Bewusstsein und Unterbewusstsein

Wir wollen nun das Wirkungsprinzip untersuchen, durch das Gedanken, Ideen, Pläne, Hoffnungen und Ziele, die in unserem Bewusstsein heranreifen, ihren Weg in unser Unterbewusstsein finden, dort angenommen und durch ein Naturgesetz, das ich noch beschreiben werde, zu ihrem logischen Ergebnis geführt werden.

Dieses Prinzip zu erkennen und zu verstehen bedeutet auch, zu verstehen, weshalb eine klare Zielsetzung der Beginn jedes Erfolges ist.

Der Gedankentransfer vom Bewusstsein ins Unterbewusstsein kann ganz einfach beschleunigt werden, indem man die Gedankenschwingungen verstärkt: durch Glauben, Angst oder jedes andere intensive Gefühl, beispielsweise durch Begeisterung oder ein brennendes Verlangen, das auf einer eindeutigen Zielsetzung basiert.

Gedanken, die von Glauben gestärkt werden, werden immer bevorzugt und mit größerer Zielstrebigkeit und Geschwindigkeit in unser Unterbewusstsein transportiert, wo sie schließlich in die Tat umgesetzt werden. Die Schnelligkeit, mit der die Kraft des Glaubens wirkt, weckte bei vielen Menschen die Überzeugung, bestimmte Phänomene seien das Ergebnis eines *Wunders.*

Weder Psychologen noch Wissenschaftler erkennen diese Phänomene jedoch als Wunder an und erklären, dass alles, was geschieht, eine bestimmte Ursache hat, auch wenn sich diese Ursache vielleicht nicht immer erklären lässt. Wie dem auch sei, es ist eine bekannte Tatsache, dass jeder Mensch, dem es gelingt, seinen Verstand von sämtlichen selbst auferlegten Grenzen zu befreien, durch den Geisteszustand, den wir Glauben nennen, normalerweise auch in der Lage ist, die Lösung für all seine Probleme zu finden – ganz egal, wie sie aussehen.

Psychologen haben außerdem festgestellt, dass die Unendliche Intelligenz, auch wenn sie nicht jedes Rätsel automatisch zu lösen vermag, jede klar formulierte Idee, jedes Ziel, jedes Vorhaben und jeden Wunsch dennoch zu einem logischen Ergebnis führen kann, sofern sie mit unbedingtem Glauben ins Unterbewusstsein geführt wurden.

Die Unendliche Intelligenz versucht jedoch nie, einen Gedanken, der ihr gesandt wurde, umzuformen, zu verändern oder auf irgendeine Weise zu manipulieren. Es ist auch nicht bekannt, dass sie je auf einen zögernden Wunsch, eine vage Idee, Gedanken oder ein vages Ziel hin reagiert hätte. Wer sich diese Wahrheit fest einprägt, wird über genug Kraft verfügen, um seine alltäglichen Probleme mit viel geringerer Energie zu lösen, als die meisten Menschen darauf verwenden, sich den Kopf über sie zu zerbrechen.

Vorahnungen sind oft Anzeichen dafür, dass die Unendliche Intelligenz versucht, unser Bewusstsein zu erreichen und zu beeinflussen. Sie werden bald feststellen, dass solche Vorahnungen fast immer als Antwort auf einen Plan, ein Ziel oder einen Wunsch – aber auch Angst! – auftauchen, die ins Unterbewusstsein transportiert wurden.

Alle *Vorahnungen* sollten ernsthaft beachtet und ausführlich durchdacht werden, da sie häufig in Teilen oder als Ganzes Informationen enthalten, die von hohem Wert für uns sind. Sie treten oft erst nach vielen Stunden, Tagen oder Wochen auf, wenn der Gedanke, der sie auslöste, das Reservoir der Unendlichen Intelligenz bereits erreicht hat. Möglicherweise haben wir den ursprünglichen Gedanken in der Zwischenzeit schon längst vergessen.

Dies ist ein so weites, tiefgründiges Gebiet, dass selbst die weisesten Menschen nur sehr wenig darüber wissen. Es enthüllt sich uns erst durch Meditation und die Konzentration unserer Gedanken.

Wenn Sie die hier beschriebenen Gedankenprozesse verstehen, können Sie auch begreifen, weshalb wir durch Meditation manchmal das erreichen, wonach wir uns sehnen, manchmal aber auch das anziehen, was wir uns nicht wünschen.

Diese Art der mentalen Einstellung erreichen wir einzig durch gute Vorbereitung und Selbstdisziplin – wie man bessere Selbstdisziplin erlangen kann, erkläre ich später ausführlicher.

Es ist eine der profundesten Wahrheiten der Welt, dass sich die Angelegenheiten der Menschen – egal, ob sie auf Gedanken von vielen Menschen oder eines Einzelnen basieren – so formen, dass sie exakt in diese gedankliche Vorlage passen.

Erfolgreiche Menschen sind allein deshalb erfolgreich, weil sie es sich angewöhnt haben, alle ihre Gedanken auf den Erfolg zu richten.

Unser eindeutiges Ziel kann und sollte unseren Geist so stark dominieren, dass wir *weder die Zeit noch den Speicherplatz haben, uns überhaupt mit Versagensgedanken aufzuhalten.*

Eine weitere tiefe Wahrheit ist, dass jeder, der eine Niederlage erlitten hat und sich deshalb selbst als Versager betrachtet, durch eine neue Einstellung seiner *Gedankensegel* die unheilvollen Winde, die ihm bisher entgegenwehten, in eine Energie verwandeln kann, die genauso stark ist und ihn zum Erfolg treiben kann.

Manch einem, der sich stolz zu jener Gruppe Menschen zählt, die man als »vernünftige Geschäftsleute mit kühlem Kopf« bezeichnen könnte, mag diese Analyse des Prinzips der eindeutigen Zielsetzung als zu abstrakt oder umständlich erscheinen.

Doch es existiert eine Kraft, die noch größer ist als die Kraft des bewussten Denkens. Diese Kraft vermag unser begrenzter menschlicher Verstand jedoch oft nicht wahrzunehmen.

Diese Tatsache zu akzeptieren, ist eine Grundvoraussetzung für das Erreichen jedes Zieles, das auf dem Wunsch basiert, etwas Großes zu leisten.

Wir wissen, dass alle großen Philosophen – von Plato und Sokrates über Emerson bis zu den modernen Denkern – und alle großen Staatsmänner – von George Washington bis zu Abraham Lincoln – sich in Zeiten großer Not auf ihr »inneres Ich« besannen.

Nur die Menschen, die bereit sind, die geistige Kraft des Unendlichen anzuerkennen, die sie aus ihrem »inneren Ich« heraus spüren und aus der sie stets schöpfen können, werden dauerhaften Erfolg haben.

Sämtliche Umstände des Lebens eines Menschen sind das Ergebnis einer bestimmten Ursache, ganz gleich, ob diese Umstände zum Erfolg oder Misserfolg führen. Die meisten dieser Lebensumstände sind auf eine Ursache zurückzuführen, die in unserer Kontrolle liegt oder liegen könnte.

Diese Tatsache ist äußerst wichtig für das Prinzip der eindeutigen Zielsetzung. Wenn die Umstände im Leben eines Menschen nicht dem entsprechen, was er sich wünscht, kann er sie verändern, indem er seine geistige Einstellung ändert und eine neue, für sich erstrebenswertere Denkweise annimmt.

Wie eine eindeutige Zielsetzung zum Erfolg führt

Von allen großen Unternehmern, die zur Entwicklung der amerikanischen Industrie beigetragen haben, ist Walter Chrysler wohl der außerordentlichste. Seine Geschichte sollte jedem jungen Menschen Mut machen, der danach strebt, Ruhm und Reichtum zu erlangen, denn sie ist ein gutes Beispiel dafür, welche Kraft jeder Einzelne entwickeln kann, wenn er mit einer eindeutigen Zielsetzung vorgeht.

Chrysler begann als Mechaniker in einem Eisenbahnwerk in Salt Lake City im US-Bundesstaat Utah. Er hatte mit der Zeit etwas mehr als viertausend Dollar angespart. Dieses Geld wollte er dazu verwenden, ein eigenes kleines Geschäft aufzubauen. Nachdem er sich ausgiebig informiert hatte, kam er zu dem Schluss, die Autoindustrie biete gute Wachstumschancen. So entschied er sich, sein Glück in dieser Branche zu versuchen.

Sein Geschäftseinstieg war sehr ungewöhnlich. Sein erster Schritt bestürzte seine Freunde und erstaunte seine ganze Verwandtschaft: Er investierte *seine kompletten Ersparnisse* in ein Automobil. Als der Wagen in Salt Lake City eintraf, versetzte

Chrysler seinen Freunden erneut einen Schock, als er sich daran machte, ihn Stück für Stück auseinanderzunehmen, bis sämtliche Einzelteile in seiner Werkstatt herumlagen. Dann setzte er die Teile wieder zusammen. Das wiederholte er so oft, dass einige seiner Freunde schon befürchteten, er habe den Verstand verloren – aber das lag allein daran, dass sie seine Absicht nicht verstanden. Sie sahen nur, was er mit dem Auto anstellte, und das erschien ihnen sinn- und zwecklos.

Was sie hingegen nicht sehen konnten, war der Plan, der in Walter Chryslers Gedanken Gestalt annahm. Er richtete seine Gedanken sozusagen auf ein »Automobilbewusstsein« aus und fütterte sie mit einer eindeutigen Zielsetzung! Er untersuchte jedes Einzelteil des Wagens ausführlich. Als er das Auto oft genug auseinander genommen und wieder zusammengesetzt hatte, kannte er all seine Stärken und all seine Schwachstellen.

Mit dieser Erfahrung als Grundlage begann Chrysler, selbst Autos zu entwerfen, für die er sämtliche Stärken des Wagens, den er sich gekauft hatte, übernahm, dessen Schwachpunkte jedoch beseitigte. Er leistete so sorgfältige Arbeit, dass die Chrysler-Automobile, als sie auf den Markt kamen, zur Sensation in der Autobrache wurden.

Studieren Sie Menschen, die sich mit einer eindeutigen Zielsetzung durchs Leben bewegen, wo immer Sie Ihnen begegnen, und Sie werden von der Leichtigkeit beeindruckt sein, mit der sie ihren Weg gehen: Sie finden die besten Helfer, überwinden alle Widerstände und erreichen, was sie wollen.

Walter Chryslers Aufstieg zu Ruhm und Reichtum verlief so schnell, weil er von Anfang an wusste, was sein Ziel war, und weil er sich akribisch auf den Weg dahin vorbereitete. Wenn Sie seinen Werdegang genau analysieren, werden Sie feststellen, mit welcher Entschlossenheit er sich der Zwölf Reichtümer des Lebens bediente und das Beste aus ihnen gemacht hat. Auch sein Weg begann mit dem größten aller Reichtümer: *einer positiven inneren Einstellung.* Durch sie entstand der fruchtbare Boden, auf dem Chrysler den Samen seines wichtigsten Lebenszieles pflanzen und gedeihen lassen konnte: den Bau erstklassiger Autos.

Anschließend erlangte er nach und nach auch alle anderen der Zwölf Reichtümer: gute körperliche Gesundheit ... harmonische Beziehungen zu seinen Mitmenschen ... Freiheit von Ängsten ... Hoffnung auf Erfolg ... die Fähigkeit des Glaubens ... die Bereitschaft, sein Glück zu teilen ... eine Arbeit, die er liebte ... eine offene Einstellung gegenüber allen Dingen ... Selbstdisziplin ... die Fähigkeit, andere zu verstehen ... und, zu guter Letzt, finanzielle Sicherheit.

Das Merkwürdigste an Walter Chryslers Erfolg ist die Tatsache, wie leicht er ihn erreichte. Er verfügte weder über nennenswertes Startkapital noch hatte er eine höhere Bildung genossen oder wohlhabende Gönner, die ihn bei seinem Geschäftseinstieg unterstützten.

Er hatte jedoch eine praktische Idee und zeigte genügend Eigeninitiative, um sie beherzt umzusetzen. Alles, was er brauchte, um sein wichtigstes Lebensziel zu verwirklichen, schien ihm auf beinahe wundersame Weise in den Schoß zu fallen, sobald er dazu bereit war – ein Umstand, der nicht ungewöhnlich für Menschen ist, die mit einer eindeutigen Zielsetzung an Werk gehen.

Als Edward Bok als Jugendlicher in die Vereinigten Staaten kam, sprach er kein Englisch. Er hatte kein Geld und musste nach der Schule arbeiten, um seine Mutter und seine Brüder zu unterstützen. Er fand schon früh im Leben heraus, was er wollte, und er stellte sich voll und ganz darauf ein, es auch zu erreichen. Vor allem wollte er die Tochter von Cyrus H. K. Curtis zur Frau nehmen. Schon bald erfüllte sich dieser erste Wunsch.

Anschließend nahm er sich vor, Herausgeber des *Ladies' Home Journal* werden. Nach einer Weile hatte er auch dieses Ziel erreicht. Später war es sein größter Wunsch – manche sagen, er sei regelrecht davon besessen gewesen – das *Ladies' Home Journal* zum wichtigsten Magazin seiner Art weltweit zu machen. In der Verlagswelt ist man sich darüber einig, dass er auch dieses Ziel erreicht hat.

Darüber hinaus hegte Edward Bok auch den innigen Wunsch, als wahrhaft bedeutender Amerikaner anerkannt zu werden, da er sich bewusst war, welch großen Schatz der unbegrenzten Möglichkeiten seine Wahlheimat ihm geschenkt hatte. Auch dieses Ziel erreichte er.

Ich möchte Ihre Aufmerksamkeit nun auf eine wichtige Tatsache lenken: Edward Bok hat jedes seiner Ziele selbst geschaffen – in seinem Geist. Und er hat jedes dieser Ziele aus eigener Kraft und Anstrengung verwirklicht. Er verließ sich nicht auf glückliche »Fügungen«, und er erwartete auch niemals, etwas für nichts zu bekommen, sondern formte sein Schicksal selbst, indem er sorgfältige Pläne entwarf, die auf einer eindeutigen Zielsetzung basierten. Ähnlich wie Walter Chrysler bereitete auch er sich durch die Erlangung aller Zwölf Reichtümer innerlich auf seinen Erfolg vor.

Ein Zwei-Millionen-Dollar-Ziel

Kurz nach der Veröffentlichung von *Denke nach und werde reich* (ein Buch, in dem ich einen Teil von Andrew Carnegies Philosophie des persönlichen Erfolges erkläre) erhielt der Verleger ungewöhnlich viele telegrafische Bestellungen von Buchläden in und um Des Moines, Iowa. Die Buchhändler baten um eine umgehende Expresslieferung der Bücher.

Der Grund der plötzlichen großen Nachfrage nach dem Buch blieb wochenlang ein Rätsel, bis den Verleger ein Brief von Edward P. Chase erreichte, einem Vertreter für Sun Life Lebensversicherungen: »Ich schreibe Ihnen, um meine Dankbarkeit und meine Wertschätzung für Ihr Buch *Denke nach und werde reich* zum Ausdruck zu bringen. Ich habe die darin enthaltenen Anweisungen bis ins Detail befolgt. Das Ergebnis war eine Idee, die wiederum den Verkauf einer Versicherungspolice in Höhe von zwei Millionen Dollar zur Folge hatte, der höchsten Einzelpolice dieser Art, die in Des Moines je verkauft wurde.«

Der Schlüsselsatz in diesem Brief ist der zweite Satz: *Ich habe die darin enthaltenen Anweisungen bis ins Detail befolgt.* Chase verfolgte seine Idee mit einer eindeutigen Zielsetzung, und das half ihm dabei, in einer Stunde mehr Geld zu verdienen, als die meisten Versicherungsvertreter in fünf arbeitsreichen Jahren. Mit einem einzigen Satz fasste Chase die gesamte Geschichte eines geschäftlichen Erfolges zusammen, die ihn aus der Masse der gewöhnlichen Lebensversicherungsvertreter heraushob und ihm einen Platz an der begehrten Tafelrunde im Club der Spitzenverkäufer sicherte.

Als Chase sich aufmachte, eine Lebensversicherung in Höhe von zwei Millionen Dollar zu verkaufen, wappnete er sich mit eindeutiger Zielsetzung und fügte noch die Kraft seines Glaubens an den Erfolg hinzu. Nachdem er *Denke nach und werde reich* gelesen hatte, legte er es – im Gegensatz zu Millionen anderer Leser – nicht voller Zynismus und mit dem Gedanken beiseite, dass die Prinzipien, die darin beschrieben werden, vielleicht bei anderen funktionieren, aber sicher nicht bei ihm. Nein, er las es mit einer offenen Einstellung und einem Gefühl der Erwartung, und dadurch erkannte er die Kraft der Ideen, die es enthielt.

Er nahm diese Ideen in sich auf und setzte sie durch eine eindeutige Zielsetzung um.

An irgendeiner Stelle des Buches trat Chases Verstand sozusagen in Kontakt mit dem Verstand des Autors, und dieser Kontakt regte seine Gedanken auf so eindeutige und intensive Weise an, dass er eine Idee schuf. Diese Idee bestand darin, eine Lebensversicherungspolice zu verkaufen, die höher war als alle, die zu verkaufen er sich je erträumt hatte. Der Verkauf dieser Police wurde umgehend zu seinem klaren und wichtigsten Lebensziel. Er verfolgte dieses Ziel ohne Zögern oder Aufschub – und siehe da! Er verwirklichte sein Ziel in weniger als einer Stunde.

Wie Andrew Carnegie einst sagte: Jeder Mensch, der durch ein festes Ziel angetrieben wird und sein Ziel mit seiner gesamten Geisteskraft verfolgt, kann die Unentschlossenen jederzeit und ohne große Mühe überholen. Dabei macht es keinen Unterschied, ob er Lebensversicherungen verkauft oder Straßengräben anlegt.

Eine eindeutige überzeugende Idee kann, solange sie in unserem Geist noch frisch ist, die Biochemie des Geistes so verändern, dass er einen Misserfolg oder eine Niederlage nicht zulässt. Die größte Schwäche der meisten Menschen liegt, wie Carnegie oft sagte, darin, dass sie die Hindernisse, die sie überwinden müssen, zwar wahrnehmen, die Kraft ihres eigenen Geistes, durch die sie diese Hindernisse nach Belieben beseitigen könnten, jedoch nicht erkennen.

Der Weg zum Glück

Reichtum – der wahre Reichtum des Lebens – vermehrt sich in genau dem Maße, in dem er das Glück und den Erfolg all jener vergrößert, mit denen wir ihn teilen. Ich weiß, dass dies der Wahrheit entspricht, denn auch ich wurde durch das Teilen erst wirklich reich. Ich habe noch nie jemandem geholfen, ohne von irgendwoher nicht auch selbst etwas dafür bekommen zu haben, das meinen eigenen Beitrag um das Vielfache überstieg.

Durch das Teilen meiner Reichtümer mit anderen erhoffe ich mir jedoch keine Anerkennungen – und abgesehen von Ausnahmefällen, in denen meine Identität bekannt sein muss, leiste ich meine Beiträge auch anonym. Anstatt nach Ruhm und Ehre für meinen Namen zu streben, ziehe ich es vor, Ehre für meine Seele zu erlangen, indem ich anderen helfe. Die Reichtümer, die ich abgebe, vergrößern gleichzeitig meinen persönlichen Reichtum und mein Glück. Genau diese Einstellung empfehle ich auch allen, die nach einem Weg ins Tal des Glücks suchen. Sie werden diesen Weg am schnellsten finden, wenn Sie anderen bei deren Suche helfen.

Eine der ungewöhnlichsten Erkenntnisse, die ich auf meinem Weg entdeckt habe, ist die Tatsache, dass die sicherste Möglichkeit, seine eigenen Probleme zu lösen, darin besteht, jemanden zu finden, der ein noch größeres Problem hat und ihm dabei zu helfen, dieses zu lösen. Dabei muss man das Prinzip des Außergewöhnlichen Engagements befolgen, also freiwillig mehr leisten als von einem verlangt wird.

Dies ist eine sehr einfache Regel, aber sie besitzt eine Magie und führt immer zum Erfolg. Sie können diese Regel aber nicht allein dadurch nutzen, dass Sie mir einfach glauben, dass sie funktioniert. Sie müssen Sie annehmen und auf Ihre ganz persönliche Weise umsetzen, dann brauchen Sie auch niemanden, der Ihnen bestätigt, dass sie funktioniert.

Sie werden schon bald feststellen, dass dazu unzählige Möglichkeiten in ihrer unmittelbaren Umgebung auf Sie warten. Indem Sie anderen bei der Suche nach ihrem Weg helfen, *finden Sie auch Ihren eigenen!*

Dadurch werden Sie eine weitere große Wahrheit kennenlernen: Die beste Möglichkeit, die Prinzipien der Philosophie des persönlichen Erfolges zu verinnerlichen, ist, sie anderen näherzubringen. Noch sind Sie ein Schüler dieser Philosophie, aber Sie können zum Lehrer werden, indem Sie andere darin unterrichten. Dabei ist Ihnen Ihr Lohn von Anfang an gewiss. Sollten Sie sich noch kein festes Lebensziel gesetzt haben, haben Sie jetzt Gelegenheit dazu. Sie können jetzt sofort damit beginnen, diese Philosophie allen näherzubringen, für die sie von Nutzen sein kann.

Wir leben in einer Zeit, in der es für jeden von uns nicht nur förderlich ist, unseren Nächsten bei der Lösung seiner Probleme zu unterstützen, *es ist für uns alle aus Gründen der Selbsterhaltung sogar zwingend erforderlich.* Stünde das Haus Ihres Nachbarn in Flammen, dann würden Sie ihm freiwillig dabei helfen, das Feuer zu löschen, selbst wenn Sie eigentlich keinen freundschaftlichen Umgang mit ihm pflegen, denn Ihr gesunder Menschenverstand sagt Ihnen, dass dies die beste Möglichkeit ist, Ihr eigenes Haus zu retten.

Ein klares Ziel

Menschen, die ohne ein klares Ziel durchs Leben gehen, werden sich größeren Schwierigkeiten gegenübersehen, als sie alleine jemals bewältigen können. Wer sich noch kein eindeutiges Ziel gesetzt hat, sollte unbedingt herausfinden, wo sein Platz in der Welt ist. Irgendwo auf Ihrem Weg wird sich Ihnen die eine Idee, nach der Sie suchen, offenbaren. Diese Erfahrung haben auch die meisten anderen Schüler dieser Philosophie gemacht. Wenn Sie diese wichtige Idee haben, werden Sie sie auch klar als solche erkennen, denn sie wird mit solcher Kraft über Sie kommen, dass Sie sich ihr nicht entziehen können. Dieser Tatsache können Sie sich sicher sein, sofern Sie wirklich ernsthaft nach ihr suchen.

Einer der unkalkulierbaren Vorteile dieser Philosophie ist, dass sie zur Entstehung neuer Ideen beiträgt und Möglichkeiten für Ihren persönlichen Erfolg aufzeigt, die zuvor unbeachtet geblieben sind. Sie ermuntert Menschen dazu, diese Gelegenheiten durch eigenen Antrieb beim Schopfe zu packen und das Beste aus ihnen zu machen.

Dieser Bestandteil der Philosophie hat nichts mit Zufall zu tun, er ist beabsichtigt, um eine bestimmte Wirkung zu erzielen: Es ist ja vollkommen klar, dass eine Möglichkeit, die wir uns selbst schaffen oder eine Idee, die in uns selbst entsteht, uns besser nützt als eine Idee, die von anderen stammt. Der Prozess, durch den wir nützliche Gedanken formen, wird uns zielsicher zur Entdeckung jener Quelle führen, aus der wir weitere neue Ideen schöpfen können, wenn wir sie brauchen.

Dennoch wird es möglicherweise Zeiten und Situationen geben, in denen wir darauf angewiesen sind, die geistigen Reserven unserer Mitmenschen anzapfen zu müssen. Diese Zeit kommt mit Sicherheit für alle jene, die auf den persönlichen Erfolg hinarbeiten. Nur so leitete Andrew Carnegie die große Zeit der Stahlproduktion ein und nur so verhalf er Amerika zu seinem wichtigsten Industriezweig, auch wenn er anfangs über keinerlei Kapital und nur über eine geringe Bildung verfügte. Auf diese Weise wurde auch Thomas A. Edison zum größten Erfinder aller Zeiten, obwohl er sich auf den Gebieten der Physik, Mathematik, Chemie, Elektronik und auf vielen anderen Fachgebieten nicht auskannte, die aber alle essentiell für seine Arbeit als Erfinder waren.

Es sollte Ihnen also Mut machen, zu wissen, dass Sie sich von mangelnder Bildung, fehlendem Kapital und ungenügenden technischen Kenntnissen nicht abhalten lassen sollten, Ihr höchstes Lebensziel zu verwirklichen. Denn ganz gleich, wie dieses Ziel aussieht: Die Philosophie des persönlichen Erfolges bietet jedem Menschen mit durchschnittlichen Fähigkeiten die Möglichkeit, jedes gewünschte Ziel innerhalb eines vernünftig gesteckten Rahmens zu verwirklichen.

Das Einzige, was diese Philosophie nicht kann, ist, Ihr persönliches Ziel für Sie auszuwählen! Aber sobald Sie sich Ihr Ziel gesetzt haben, kann diese Philosophie Sie unfehlbar zu seiner Verwirklichung führen. Dieses Versprechen gilt ohne Einschränkungen. Ich kann Ihnen nicht sagen, was Sie sich wünschen oder wie viel Erfolg Sie sich erhoffen sollen, aber ich kann und werde Ihnen die Formel enthüllen, mit der Sie Erfolg haben werden.

Im Moment ist Ihre wichtigste Aufgabe, herauszufinden, was Sie sich von ihrem Leben wünschen. Sie selbst müssen herausfinden, was Sie erreichen möchten und was Sie tun werden, wenn Sie Ihr Ziel erreicht haben. Diese Aufgabe kann niemand Fremdes übernehmen, und dennoch ist es eine Aufgabe, die achtundneunzig von hundert Menschen niemals bewältigen. *Dies ist der wesentliche Grund, weshalb nur zwei von hundert Menschen als erfolgreich bezeichnet werden können.*

Die Kraft eines brennenden Wunsches

Erfolg beginnt mit einer entschlossenen Zielsetzung! Falls ich diese Tatsache hier übermäßige betone, so liegt das an der allgemeinen Angewohnheit des Aufschiebens, die achtundneunzig von hundert Menschen davon abhält, sich ein klares Ziel zu setzen, das sie durchs Leben führt. Ein eindeutiges Ziel ist ein unschätzbares Gut – unschätzbar, allein deshalb, weil es so nur so wenige besitzen.

Und doch ist es ein Gut, das jeder Einzelne in nur einer Sekunde erlangen kann.

Überlegen Sie sich, was Sie vom Leben wünschen und entschließen Sie sich dann, auf dieses Ziel – und wirklich darauf – hinzuarbeiten. Plötzlich werden Sie erkennen, dass Sie so eines der wertvollsten Güter, die wir Menschen überhaupt besitzen können, erlangt haben.

Ihr Wunsch darf aber nicht nur ein flüchtiges Begehren oder eine schwache Hoffnung sein! Es muss sich dabei um ein *brennendes Verlangen* handeln. Sie müssen von Ihrem Wunsch geradezu besessen sein – so sehr, dass Sie bereit sind, jeden Preis für seine Verwirklichung zu bezahlen. Ob der Preis hoch oder niedrig sein wird, Sie müssen fest entschlossen sein, ihn zu bezahlen.

In dem Moment, in dem Sie Ihr eindeutiges Ziel im Leben gewählt haben, werden Sie etwas Seltsames feststellen: Es werden sich Ihnen rasch Mittel und Wege erschließen, die Sie zum Erreichen dieses Zieles führen können. Gelegenheiten, die Sie niemals erwartet hätten. Die Zusammenarbeiten mit anderen Menschen werden sich anbieten, und wie durch Zauberei werden Sie neue Freunde finden, die Sie unterstützen. Ihre Ängste und Zweifel werden allmählich verschwinden und einem neuen Selbstvertrauen weichen.

Dies mag für Uneingeweihte vielleicht wie ein fantastisches Versprechen klingen, aber nicht für all jene, die ihre Unentschlossenheit überwunden und sich ein klares Lebensziel gesetzt haben. Ich spreche hier nicht nur von Erfahrungen meiner Mitmenschen, sondern auch von meinen ganz persönlichen Erlebnissen. Ich habe mich von einem Versager in einen sehr erfolgreichen Mann verwandelt. Deshalb kann ich Ihnen mit solcher Gewissheit sagen, was Sie erwartet, wenn Sie den Wegen folgen, die diese Philosophie für Sie ebnet.

Wenn die Inspiration Sie ereilt und Sie sich Ihr Lebensziel setzen, dürfen Sie sich nicht davon entmutigen lassen, wenn Ihre Verwandten und Freunde Sie als Träumer belächeln.

Vergessen Sie nicht, dass Träumer die Vorreiter allen menschlichen Fortschritts waren. Sie haben uns das großartige System der freien Marktwirtschaft geschenkt. Sie haben uns unser höchstes Gut geschenkt: das Privileg, unsere persönliche Freiheit zu genießen und unsere Träume und Wünsche zu verfolgen. Sie haben die Grenzen der Zivilisation verschoben. Christoph Kolumbus träumte von einer unbekannten Welt, setzte auf einem unerforschten Ozean die Segel und entdeckte eine neue Welt. Kopernikus träumte von einer Welt, die noch nie ein Mensch zuvor gesehen hatte, und mithilfe eines improvisierten Teleskops machte er sie sichtbar und brachte die Zivilisation damit in Bezug auf die Beherrschung ihrer Angst und ihres Aberglaubens um zehntausend Jahre voran. Thomas A. Edison träumte davon, eine Lampe durch Elektrizität zum Leuchten zu bringen. Er arbeitete unermüdlich an der Verwirklichung dieses Traumes. Obwohl er zehntausend Niederlagen einstecken musste, schenkte er der Welt letztendlich doch diese Lampe.

Lassen Sie sich also von niemandem beim Verwirklichen Ihrer Träume entmutigen, doch sorgen Sie auch dafür, Ihre Träume mit Taten zu stützen, die direkt auf Ihr klares Ziel zusteuern. Ihre Erfolgschancen sind ebenso groß wie die aller anderen Menschen, die es bereits vor Ihnen versucht haben.

Ach was, ich darf Ihnen versichern: In vielerlei Hinsicht sind Ihre Chancen sogar noch größer, denn Sie kennen inzwischen schon die Prinzipien des persönlichen Erfolges, die sich viele erfolgreiche Männer und Frauen in der Vergangenheit auf langen, mühsamen Wegen erarbeiten mussten.

Weise Menschen teilen ihre Reichtümer sehr großzügig mit anderen. Ihr Vertrauen hingegen verschenken sie aber nur sparsam. Und das auch nur mit größter Vorsicht, damit es nicht in die falschen Hände fällt. Falls sie von ihren Zielen und Plänen erzählen, dann lassen sie meist Taten sprechen, statt vieler Worte.

Weise Menschen hören gut zu und reden mit Bedacht, denn sie wissen, dass man stets etwas lernen kann, wenn man aufmerksam zuhört, aber gar nichts, während man selbst redet. Es gibt immer einen richtigen Zeitpunkt zum Reden und einen richtigen Zeitpunkt zum Schweigen. Weise Menschen entscheiden sich in der Frage, ob sie reden oder schweigen sollen, im Zweifelsfall für das Schweigen.

Ein Gedankenaustausch durch ein Gespräch bietet uns eine der wichtigsten Möglichkeiten, Wissen zu erlangen, Pläne für die Verwirklichung unseres wichtigsten Zieles zu schmieden und Wege zu finden, diese Pläne in die Tat umzusetzen. Diskussionen am runden Tisch gehören zu den bemerkenswertesten Angewohnheiten von erfolgreichen Menschen. Sie unterscheiden sich jedoch grundlegend von dem leeren Gerede einiger Mitmenschen, die jedem Beliebigen bereitwillig Einblick in ihre Gedanken gewähren.

Im nächsten Kapitel erläutere ich eine Methode, durch die Sie Ihre Gedanken mit anderen Menschen austauschen können und dabei mit großer Sicherheit davon ausgehen können, ebensoviel zurückerhalten, wie Sie geben, oder sogar noch mehr. Mit dieser Methode können Sie nicht nur völlig offen über Ihre wichtigsten Pläne sprechen, es wird Ihnen sogar einen Gewinn bringen, wenn Sie dies tun.

Ich werde Ihnen eine wichtige Kreuzung zeigen, an der Sie die Nebenstraße, der Sie bis dahin auf dem Weg ins Tal des Glücks gefolgt sind, verlassen und auf die Hauptstraße wechseln können! Keine Sorge, die Abfahrt ist klar ausgeschildert. Es ist die Stelle, an der sich die Wege vieler erfolgreicher Personen von denen vieler ihrer ehemaligen Mitstreiter trennen und an der sie sich anderen anschließen, die bereit sind, sie ein Stück auf dem Weg ins Tal des Glücks mitzunehmen.

5

Die Angewohnheit, freiwillig mehr zu leisten, als verlangt wird

Ein wichtiges Erfolgsprinzip in allen Bereichen des Lebens ist die Bereitschaft, mehr zu leisten als eigentlich verlangt wurde. Also freiwillig mehr und besser zu arbeiten als nur für das, für das man bezahlt wird, und dabei auch noch eine *positive Einstellung* zeigen.

Auch wenn Sie noch so eifrig nach wenigstens einem einzigen vernünftigen Argument gegen dieses Prinzip suchen – Sie werden keines finden. Sie werden aber auch kein einziges Beispiel für einen dauerhaften Erfolg finden, der nicht zumindest teilweise durch dieses Prinzip zustande kam.

Dieses Prinzip ist keine menschliche Erfindung. Es ist Teil des Werkes von Mutter Natur, denn es ist vollkommen offensichtlich, dass jedes Lebewesen, das über geringere Intelligenz verfügt als der Mensch, es anwenden muss, um zu überleben.

Wir Menschen haben die Wahl, wir können dieses Prinzip außer Acht lassen. Doch falls wir das tun, werden wir nicht in den Genuss eines dauerhaften Erfolges kommen.

Machen Sie sich bewusst, wie die Natur dieses Prinzip bei der Produktion von Nahrung anwendet, die in der Erde wächst. Die Bauern *leisten freiwillig mehr als sie eigentlich müssten,* indem sie das Feld bestellen, pflügen und zur richtigen Jahreszeit die Samen pflanzen – eine Bezahlung erhalten sie dafür vorab nicht. Verrichten sie ihre Arbeit jedoch in vollem Umfang und im Einklang mit den Gesetzen der Natur, übernimmt die Natur an den Zeitpunkt, an der die Arbeit der Bauern endet, die Aufgabe, bringt die Samen zum Keimen und sorgt dafür, dass sie sich zu etwas Essbarem entwickeln.

Auch folgende entscheidende Tatsache sollten Sie bedenken: Für jedes Weizen- oder Maiskorn, das Sie in die Erde pflanzen, schenkt die Natur Ihnen möglicherweise hundert Körner zurück, sodass Sie vom Gesetz steigender Erträge profitieren. Die Natur *leistet mehr als sie müsste,* indem sie von allem nicht nur ausreichend produziert, um ihre Bedürfnisse zu decken, sondern auch, um eine Reserve für Notfälle anzulegen. So ist es bei den Früchten der Bäume oder bei den Fröschen in den Teichen, ebenso bei den Fischen im Meer. Die Natur *leistet auffallend mehr als sein müsste,* indem sie von allen Lebewesen so viele schafft, dass nicht nur der Fortbestand der Arten gesichert ist, sondern sie auch auf Notfälle aller Art vorbereitet ist. Würde sie das nicht tun, wären bald alle Lebewesen ausgestorben.

Viele Menschen glauben, die Tiere des Dschungels oder die Vögel in der Luft führen ein Leben ohne Anstrengungen. Kluge Menschen wissen jedoch, dass dem nicht so ist. Es ist zwar richtig, dass die Natur für alle Lebewesen die passende Nahrungsquelle bereitstellt, aber auch Tiere kommen nur durch Arbeit in den Genuss dieser Nahrung. Daran erkennen wir, dass die Natur die Angewohnheit mancher Menschen, die etwas haben wollen, ohne etwas dafür zu tun, nicht unterstützt.

Die Vorteile, die die Bereitschaft, mehr zu leisten als eigentlich verlangt wurde, mit sich bringt, sind eindeutig und verständlich. Um Sie davon zu überzeugen, möchte ich hier einige von ihnen auflisten:

Diese Angewohnheit rückt uns bei jenen, die uns bei unserem persönlichen Fortkommen förderlich sein können, in ein wohlwollendes Licht.

Diese Angewohnheit kann außerdem dazu führen, dass wir in vielerlei Hinsicht unentbehrlich werden, und das berechtigt uns, einen höheren Lohn für unsere Dienste zu fordern.

Darüber hinaus fördert diese Angewohnheit das geistige Wachstum, verbessert die körperlichen Fähigkeiten und die Geschicklichkeit bei den unterschiedlichsten Aufgaben. Dadurch erhöht sich auch unsere allgemeine Leistungsfähigkeit.

Die Bereitschaft, mehr zu leisten als verlangt wurde, schützt uns in Zeiten hoher Arbeitslosigkeit vor dem Verlust des Arbeitsplatzes und versetzt uns in die Lage, dass wir uns die beste Stelle aussuchen können.

Dank dieser Bereitschaft können wir vom Gesetz der Gegensätze profitieren, da *die meisten Menschen nicht dazu bereit sind, etwas mehr zu leisten, als verlangt wird.*

Diese Angewohnheit führt zur Entwicklung einer anziehenden Persönlichkeit und einer positiven Geisteshaltung, die die Grundvoraussetzung für dauerhaften Erfolg ist.

Die Bereitschaft, mehr zu leisten, als verlangt wurde, fördert eine rege Vorstellungskraft, da sie uns stets dazu anspornt, nach neuen, besseren Wegen zu suchen, um die Arbeit zu erledigen. Sie führt dazu, die wichtige Fähigkeit zur Eigeninitiative zu entwickeln.

Diese Angewohnheit fördert Selbstvertrauen und Mut und durch sie wird das Vertrauen anderer Menschen in unsere Integrität gestärkt.

Diese Angewohnheit hilft, die zersetzende Angewohnheit des ewigen Aufschiebens zu besiegen. Sie stärkt unsere zielbewusste Entschlossenheit und bewahrt uns so gegen die verbreitete Angewohnheit zur Unentschlossenheit.

Es besteht aber noch ein weiterer, wichtigerer Grund, der Bereitschaft, mehr zu leisten, als verlangt wurde, zu folgen: *Sie verschafft uns das einzige logische Argument, einen höheren Lohn zu beanspruchen.* Wenn wir nur die Arbeit verrichten, für die wir bezahlt werden, dann erhalten wir natürlich nicht mehr als die Bezahlung, die uns zusteht. Wir müssen nur die Dienste leisten, für die wir auch bezahlt werden, um unseren Arbeitsplatz zu behalten – doch wir können jederzeit zusätzliche Arbeiten auszuführen, uns dadurch Ansehen verschaffen, um eine gerechtfertige Gehaltserhöhung oder eine Beförderung zu erhalten.

In unserem System der freien Marktwirtschaft kann sich heute jeder seinen Lebensunterhalt verdienen, ohne freiwillig mehr zu leisten, als verlangt wird. Viele Menschen tun auch wirklich nur das Nötigste. Doch finanzielle Sicherheit und Luxus stehen nur jenen offen, die dieses Prinzip zum Bestandteil ihrer Lebensphilosophie machen und jeden Tag danach leben. Alle Gesetze der Logik und Vernunft zwingen uns, dies als wahr zu akzeptieren. Auch eine nur oberflächliche Analyse der erfolgreichsten Menschen unserer Gesellschaft wird diese These bestätigen.

Es ist bekannt, dass sich unter Andrew Carnegie mehr erfolgreiche Industriemanager entwickelten als unter jedem anderen großen amerikanischen Industriellen. Die meisten von ihnen wurden als einfache Arbeiter eingestellt, doch viele haben großen Reichtum erlangt, den sie ohne Carnegies Führung wahrscheinlich niemals erlangt hätten.

Die erste Prüfung, der Andrew Carnegie jeden seiner Mitarbeiter unterzog, die er für eine Beförderung vorgesehen hatte, war, festzustellen, inwiefern er bereit war, *mehr zu leisten, als von ihm verlangt wurde.* Durch diese Prüfung wurde Carnegie auf Charles M. Schwab aufmerksam. Schwab war damals noch ein einfacher Hilfsarbeiter in einer der Stahlfabriken des Magnaten. Bald stellte sich heraus, dass Schwab stets mehr und härter arbeitete als andere und nicht nur die Aufgaben verrichtete, für die er bezahlt wurde. Darüber hinaus verrichtete er sie mit einer auffallend positiven Grundeinstellung, die ihn bei seinen Kollegen sehr beliebt machte. Schwab stieg deshalb innerhalb des Unternehmens immer weiter auf, bis er schließlich zum Präsidenten der großen United States Steel Corporation ernannt wurde und ein gewaltiges Einkommen im Jahr verdiente!

Auch durch den größten Einfallsreichtum oder auf all den Wegen, auf denen Menschen versuchen, etwas ohne Gegenleistung zu bekommen, hätte Charles M. Schwab, der Hilfsarbeiter, in seinem ganzen Leben niemals ein so hohes Einkommen erhalten, wenn er nicht die Bereitschaft gezeigt hätte, freiwillig mehr zu leisten, als seine Vorgesetzten von ihm verlangten.

Andrew Carnegie zahlte Schwab jedoch nicht nur seinen regulären Lohn, der an sich schon großzügig genug war, sondern auch noch eine zusätzliche Prämie in Millionenhöhe. Als Carnegie gefragt wurde, weshalb er Schwab einen solchen Bonus bezahlte, der so viel höher war als sein Gehalt, antwortete er mit den folgenden Worten, über die jeder Arbeiter, ganz gleich, welcher Tätigkeit er nachgeht oder wie viel er verdient, gründlich nachdenken sollte: »Sein Gehalt habe ich ihm gezahlt für die Arbeit, die er tatsächlich leistet. Die Prämie erhielt er für seine Bereitschaft, freiwillig mehr zu leisten, als verlangt wurde. Denn dadurch ist er zu einem Vorbild für seine Kollegen geworden.«

Man stelle sich das einmal vor! Ein fürstliches Jahresgehalt für einen Mann, der als Handlanger anfing, und dazu noch ein Bonus von einer Millionen Dollar für eine positive Grundeinstellung, die er durch seine Bereitschaft zum Ausdruck brachte, mehr zu tun als nur das, wofür er bezahlt wurde.

Es zahlt sich also stets aus, freiwillig mehr zu leisten. Denn jedes Mal, wenn wir dies tun, führt es dazu, dass sich ein anderer uns gegenüber verpflichtet fühlt. Durch solche Einstellungen entsteht ein Charles M. Schwab, ein Andrew Carnegie, ein Henry Ford oder ein Thomas A. Edison!

Natürlich wird niemand dazu gezwungen, nach diesem Prinzip zu leben. Auch dass jemand ausdrücklich um die Verrichtung einer Mehrarbeit bittet, für die er nicht bezahlen will, passiert sehr selten. Diese Angewohnheit muss man sich also immer aus eigener Initiative angewöhnen.

Das System der freien Marktwirtschaft hält Belohnungen für alle bereit, die nach dieser Angewohnheit leben. Gleichzeitig ist es in diesem System nahezu unmöglich, dass jemand nach diesem Prinzip handelt, ohne entsprechend dafür entlohnt zu werden. Dieser Lohn kann verschiedene Formen annehmen: Gehaltserhöhungen sind so gut wie sicher. Beförderungen unausweichlich. Bessere Arbeitsbedingungen und harmonische zwischenmenschliche Beziehungen ebenso. So ergibt sich eine finanzielle Sicherheit, die jeder von uns aus eigener Kraft erreichen kann.

Aber jeder, der nach diesem Prinzip lebt, kommt darüber hinaus in den Genuss eines weiteren Vorteils: *Er lebt mit einem guten Gewissen und das ist eine positive Kraft für seine Seele!* Deshalb fördert diese Gewohnheit besser als jede andere die Herausbildung eines untadeligen Charakters.

Wenn Sie Söhne oder Töchter haben, die an der Schwelle zum Erwachsensein stehen, sollten Sie sich diese Tatsache allein ihretwegen merken! Wer seine Kinder lehrt, mehr und bessere Arbeit zu verrichten als die, die von ihnen verlangt wird, wird ihnen zu einem starken Charakter verhelfen, auf den sie sich für den Rest ihres Lebens stützen können.

Eigentlich ist die Philosophie von Andrew Carnegie eine Wirtschaftsphilosophie. Aber in ihr steckt noch viel mehr als das! Sie ist darüber hinaus eine Philosophie der Ethik zwischenmenschlicher Beziehungen. Sie führt zu Harmonie und Verständnis und fördert das Mitgefühl für die Schwachen und Unglücklichen. Sie lehrt uns, zum Hüter unseres Bruders zu werden und belohnt uns gleichzeitig für diesen Dienst.

Die Angewohnheit, freiwillig mehr zu leisten, als von einem verlangt wird, ist nur eines der siebzehn Prinzipien der Philosophie, die Carnegie allen ans Herz legt, die nach dem Reichtum des Lebens suchen. Lassen Sie uns einmal darüber nachdenken, wie eng er mit jedem einzelnen der Zwölf Reichtümer verflochten ist.

Zunächst einmal ist diese Angewohnheit unerlässlich für das Erlangen des wichtigsten der Zwölf Reichtümer – eine *positive Geisteshaltung.* Wenn wir unsere Gefühle beherrschen und durch Hilfe für unsere Nächsten auch die segensreiche Kunst der Selbstverwirklichung erlernen, sind wir auf dem Weg zur Entwicklung einer positiven inneren Grundeinstellung bereits sehr weit gekommen.

Wenn wir eine positive Geisteshaltung zum Architekten unserer Gedanken machen, fallen uns die übrigen der Zwölf Reichtümer ebenso selbstverständlich und unausweichlich zu wie die

Nacht auf den Tag folgt. Wer diese Wahrheit anerkennt, wird verstehen, weshalb die Angewohnheit zur außergewöhnlichen Leistung uns Gewinne bringt, die weit über die Ansammlung materieller Reichtümer hinausgehen. Und er wird verstehen, weshalb Carnegie dieses Prinzip in seiner Philosophie des persönlichen Erfolges an die erste Stelle setzte.

Eigentlich ist die Ermahnung, mehr und bessere Arbeit zu leisten als nur die, für die wir bezahlt werden, ja vollkommen paradox, *da es unmöglich ist, dass jemand eine solche Arbeit leistet, ohne entsprechend dafür entlohnt zu werden.* Der Lohn kann uns auf verschiedene Art und Weise und aus unterschiedlichen Quellen zukommen, und auch wenn einige dieser Quellen vielleicht seltsam und unerwartet sein mögen – der Lohn erreicht uns gewiss.

Ein Arbeiter, der solch gute Leistungen erbringt, wird seine Belohnung vielleicht nicht immer von der Person erhalten, für die er gearbeitet hat, aber dank dieser Angewohnheit werden sich ihm viele Möglichkeiten bieten, voranzukommen, etwa in Form einer neuen, einträglicheren Arbeitsstelle. In diesem Fall hätte er seine verdiente Bezahlung auf indirekte Weise erhalten. Ralph Waldo Emerson dachte an diese Wahrheit, als er in seinem Essay über das Thema ›Entschädigung‹ schrieb: »Wenn du einem undankbaren Herren dienst, solltest du ihm umso eifriger dienen, denn dann steht Gott in deiner Schuld. Du wirst entschädigt werden. Je länger deine Bezahlung ausbleibt, desto besser für dich; *denn dieser Handel wird dir Zins und Zinseszins bringen.*«

Auch wenn ich hier noch einmal scheinbar Paradoxes darlege, möchte ich Sie doch daran erinnern, dass die Zeit, die wir dem Arbeiten widmen, für die wir keine unmittelbare Entlohnung oder finanzielle Entschädigung erhalten, uns dennoch den größten Gewinn beschert. Denn wir müssen immer daran denken, dass es zwei Formen der Belohnung gibt, die für eine Arbeit infrage kommen. Die eine ist die Bezahlung in Form von Geld. *Die andere besteht in den Fähigkeiten, die sie dank Ihrer Erfahrungen entwickeln.* Diese Form des Lohns ist oft viel wertvoller als Geld, denn besondere Fähigkeiten und Erfahrungen sind das wichtigste Kapital eines jeden Menschen, da er nur durch sie eine höhere Gehaltsstufe erreichen kann und man ihm mehr Verantwortung überträgt. Wer es sich angewöhnt, freiwillig mehr zu leisten als verlangt, *erkennt die Tatsache an, dass unser Lohn darin bestehen kann, dass wir uns dadurch selbst weiterbilden und dadurch eine Beförderung und höheren einen Lohn erhalten!*

Dieses Kapital kann uns niemand nehmen, ganz gleich, wie egoistisch oder gierig ein Vorgesetzter auch sein mag. Dies ist der Zins und Zinseszins, den Emerson meinte. Dieses Kapital befähigte auch Charles M. Schwab dazu, die Karriereleiter Stück um Stück nach oben zu klettern, von der untersten Sprosse des Hilfsarbeiters bis hinauf zur höchsten Position, die sein Arbeitgeber ihm bieten konnte. Und dieses Kapital war es letztlich auch, das Schwab einen Bonus in Millionenhöhe einbrachte. Dieser Bonus war sein Lohn dafür, dass er alle seine Aufgaben voller Tatkraft erfüllte – und dass er dies tat, das sollten wir uns immer vor Augen halten, war ganz allein seine Entscheidung. Es wäre nicht dazu gekommen, hätte er nicht freiwillig mehr geleistet, als man von ihm verlangte.

Andrew Carnegie hatte, wenn überhaupt, nur sehr wenig damit zu tun. Carnegie zahlte diesen Bonus, weil er wusste, dass Schwab die zusätzliche Belohnung verdiente, auch wenn sie ihm nie versprochen worden war. Doch er könnte ja auch durchaus diesen Bonus lieber gezahlt haben, als einen so wertvollen Mitarbeiter zu verlieren.

Wir kommen also stets zur selben Schlussfolgerung: Wer mit der Angewohnheit lebt, freiwillig mehr zu leisten als verlangt, erhält immer »Zins auf Zinseszins«.

Wir verstehen jetzt auch, was einer der mächtigen Industriellen meinte, als er sagte: »Ich persönlich bin nicht allzu sehr an einem Gesetz über eine Vierzig-Stunden-Woche interessiert, da ich noch immer herauszufinden versuche, wie ich vierzig Stunden in einen einzigen Tag packen kann.«

Der Mann, der diese Worte sprach, verfügt über sämtliche der Zwölf Reichtümer im Überfluss. Er gibt offen zu, dass er seinen Besitz vor allem dadurch erwarb, weil er sich von ganz unten hocharbeitete und auf seinem Weg stets das Prinzip befolgte, freiwillig mehr zu leisten, als man von ihm erwartete.

Dieser Mann sagte außerdem: »Hätte man mich gezwungen, auf meinem Weg zum Erfolg nur auf eines der siebzehn Prinzipien zu setzen, hätte ich ohne Zögern das Prinzip, freiwillig mehr zu leisten als verlangt, gewählt.« Zum Glück musste er eine solche Wahl aber nicht treffen, da die siebzehn Prinzipien des persönlichen Erfolges so eng miteinander verbunden sind wie die Glieder einer Kette. Wenn sie allesamt befolgt werden, entwickeln sie eine ungeheure Kraft. Vernachlässigt man nur eines dieser Prinzipien, wäre diese Kraft deutlich geschwächt, so wie das Entfernen eines einzigen Gliedes eine Kette schwächt.

Die Macht der siebzehn Prinzipien liegt aber nicht in diesen Grundsätzen selbst, sondern in ihrer *Anwendung!* Werden die Prinzipien genutzt, verändern sie die »Chemie« unseres Geistes – eine negative wird zu einer positiven Geisteshaltung. Nur eine positive Einstellung zieht den Erfolg an, indem sie uns zu den Zwölf Reichtümern führt.

Jedes dieser Prinzipien führt, wenn wir es umsetzen, zu einer eindeutig positiven Gedankenausrichtung; für jedes Vorhaben, bei dem wir aus der Kraft unserer Gedanken schöpfen, müssen wir mehrere dieser Prinzipien miteinander verbinden.

Man könnte die siebzehn Prinzipien vielleicht mit den sechsundzwanzig Buchstaben des Alphabets vergleichen: Durch deren Verbindung lassen sich alle Möglichkeiten des menschlichen Geistes ausdrücken. Die einzelnen Buchstaben des Alphabets haben keine oder nur eine sehr unwesentliche Bedeutung, aber sobald sie zu Wörtern kombiniert werden, können sie jeden möglichen Gedanken ausdrücken. Die siebzehn Prinzipien bilden sozusagen das Alphabet des persönlichen Erfolges. Durch sie lassen sich alle menschlichen Fähigkeiten in bestmöglicher, gewinnbringendster Form einsetzen. Darüber hinaus waren sie für die Entstehung des Systems der freien Marktwirtschaft verantwortlich. Damit bilden sie die Voraussetzungen, unter denen wir den bedeutenden Schlüssel zum Reichtum in unseren Besitz bringen können.

Die Liebe schenkt uns Menschen unsere schönsten Erfahrungen. Durch sie können wir mit der Unendlichen Intelligenz in Kontakt treten. Wenn sie sich mit der Gefühlswelt von Sexualität und Romantik verbindet, kann sie uns durch *kreative Fantasie* auf die höchsten Gipfel des persönlichen Erfolges führen. Gefühle von Liebe, Sexualität und Romantik bilden die drei Seiten des ewigen Dreiecks des Erfolges, das wir Schöpferkraft nennen. Nur durch dieses Dreieck erschafft die Natur kreative Fähigkeiten.

Liebe ist der sichtbare Ausdruck des spirituellen Wesens der Menschen. Sexualität ist reine Biologie, aber sie gibt allen Lebewesen – von den kleinsten Krabbeltieren bis hin zur am weitesten entwickelten aller Schöpfungen: dem Menschen – auch die nötige Antriebskraft für alle kreativen Handlungen. Wenn Liebe und Sexualität sich mit den Vorstellungen der Romantik verbinden, kann die Welt sich freuen, denn solche Verbindungen schaffen unsere besten Führungspersönlichkeiten und tiefgründigsten Denker.

Die Liebe macht alle Menschen gleich! Sie vertreibt Egoismus, Gier, Eifersucht und Neid und macht selbst die bescheidensten Menschen zu echten Königen. Wo keine Liebe wohnt, wird niemals wahre Größe zu finden sein.

Die Liebe, von der ich spreche, darf jedoch nicht mit der Gefühlswelt der Sexualität verwechselt werden, denn in ihrer höchsten, reinsten Ausdrucksform ist die Liebe zwar Teil des ewigen Dreiecks, *aber sie ist dennoch größer als seine anderen Bestandteile.*

Die Liebe, die ich meine, ist der *élan vital* – der Leben spendende Faktor, Antrieb und Schwung aller kreativen Unterfangen, die die außergewöhnliche Kultiviertheit und Kultur der Menschheit geschaffen haben. Sie bildet die einzige klare Trennlinie zwischen uns Menschen und all den anderen, uns untergeordneten Lebewesen dieser Welt. Sie allein bestimmt, welchen Platz wir in den Herzen unserer Mitmenschen einnehmen.

Die Liebe ist das solide Fundament, auf das der erste der Zwölf Reichtümer – eine positive geistige Einstellung – vertrauensvoll aufbauen kann. Ohne Liebe, dass sollten wir uns bewusst machen, kann kein Mensch jemals wirklich reich sein. Die Liebe ist das Herz aller übrigen elf Reichtümer: Sie verschönert jeden einzelnen von ihnen und verleiht ihnen Beständigkeit. Das erkennen wir ganz leicht, wenn wir jene Menschen betrachten, die zwar ein Leben in materiellem Reichtum, aber ohne Liebe führen.

Auch Ralph Waldo Emerson dachte an die Liebe, von der ich spreche, als er sagte: »Jene, die zu Bescheidenheit, Gerechtigkeit, Liebe und Sehnsucht fähig sind, tragen bereits in sich, was auch Wissenschaft und Kunst, Sprache und Poesie sowie unsere Taten und Gebete bestimmt. Denn wer dieser sterblichen Glückseligkeit teilhaftig wird, spürt bereits jene besonderen Kräfte, die wir Menschen so hoch schätzen.

Die Selbstlosen wissen sehr gut, dass sich Gott ihnen gegenüber, wenn sie Fremden Zeit, Geld oder eine Unterkunft schenken – sofern dies aus Liebe und nicht aus Gründen der Wichtigtuerei geschieht – verpflichtet, denn das Universum entschädigt uns auf perfekte Weise. Auf irgendeine Art wird ihnen die Zeit, die sie durch ihr Tun verlieren, ersetzt, und für die Mühen, die sie auf sich nehmen, werden sie entschädigt. Solche Menschen halten die Flamme der menschlichen Liebe am Leben und lassen die Tugenden unter ihnen wieder aufleben.«

Die großen Denker haben zu allen Zeiten die Liebe als unvergängliches Elixier anerkannt, das die Herzen der Menschen heilt und sie zum *Hüter ihres Bruders* macht. Einer der größten Geister, die Amerika je hervorgebracht hat, drückte seine Ansichten über die Liebe in einem Werk aus, das alle Zeiten überdauern wird. Er sagte:

»Die Liebe ist die einzige Schleife an der dunklen Wolke des Lebens. Sie ist der Morgen- und der Abendstern. Sie leuchtet auf das Kind in der Wiege und erhellt das stille Grab. Sie ist die Mutter der Kunst und inspiriert Dichter, Patrioten und Philosophen. Sie ist Luft und Licht jedes Glücksbringers in jedem Heim und entzündet jedes Feuer auf jedem Herd. Sie war die Erste, die von Unsterblichkeit träumte. Sie erfüllt die Welt mit Melodien – denn die Musik ist die Stimme der Liebe.

Die Liebe ist eine Magierin und Zauberin, die Wertloses in reine Freude verwandelt und aus gewöhnlichen Menschen wahre Könige und Königinnen macht. Sie ist der Duft dieser wundersamen Blume, unseres Herzens; ohne diese heilige Leidenschaft, diese göttliche Ohnmacht, sind wir weniger als die Tiere, doch mit ihr wird die Erde zum Himmel und wir zu Göttern. Liebe ist Wandlung. Sie adelt, läutert und verherrlicht. Liebe ist Offenbarung und Schöpfung. Von der Liebe leiht die Welt sich ihre Schönheit und der Himmel seine Herrlichkeit.

Ohne Liebe verblasst alle Herrlichkeit, Großmut erlischt, die Kunst stirbt, die Musik verliert ihren Sinn und wird zur bloßen Luftbewegung, und Tugenden existieren nicht mehr.«

Wer wahrhafte Größe besitzt, liebt alle Menschen! Er liebt das Gute wie das Schlechte in den Menschen. Das Gute liebt er voller *Stolz, Bewunderung* und *Freude.* Das Schlechte aber liebt er voller *Mitleid* und *Sorge,* denn wenn er wahre Größe besitzt, weiß er, dass sowohl die guten als auch die schlechten Eigenschaften der Menschen oft nur die Folge bestimmter Umstände sind, auf die der Einzelne aufgrund seiner Unwissenheit nur wenig Einfluss hat.

Menschen von wahrer Größe sind mitfühlend, verständnisvoll und nachsichtig. Wenn sie gezwungen werden, über andere zu urteilen, werden sie Gnade vor Recht ergehen lassen und sich stets auf die Seite der Schwachen, der Unwissenden und der von Armut Geplagten stellen. So tun sie aus dem echten Gefühl von Gemeinschaft nicht nur mehr, als von ihnen verlangt wird, sondern sie tun es auch *aus freiem Willen* und mit *Güte.* Wenn ihr Engagement trotz allem nicht ausreicht, werden sie sich nur noch mehr einsetzen – so oft, wie sie es schaffen.

Einige Beispiele von Menschen, denen die Angewohnheit, freiwillig mehr zu leisten als verlangt, Gewinn einbrachte

Niemand tut jemals etwas ohne ein bestimmtes Motiv. Versuchen wir also, ein überzeugendes Motiv für die Gewohnheit zu finden, freiwillig mehr zu leisten, als von einem verlangt wird, indem wir uns einige Menschen näher ansehen, die davon inspiriert wurden.

Vor vielen Jahren spazierte eine ältere Dame durch ein Kaufhaus in Pittsburgh, offensichtlich um die Zeit totzuschlagen. Sie schlenderte von einer Verkaufsabteilung zur anderen, ohne dass ihr irgendwer Beachtung schenkte. Alle Verkäufer sahen in ihr eine gelangweilte *Bummlerin,* die nicht die Absicht hatte, irgendetwas zu kaufen. Sie alle sahen absichtlich in eine andere Richtung, wenn sie ihre Abteilung betrat.

Für diese Geringschätzung sollten sie *teuer bezahlen!*

Schließlich näherte sich die Dame einer Abteilung, in der ein junger Verkäufer arbeitete, der sich höflich verbeugte und sie fragte, ob er ihr vielleicht weiterhelfen könne. »Nein«, antwortete sie. »Ich vertreibe mir nur die Zeit und warte, dass es aufhört zu regnen und ich nach Hause gehen kann.«

»Natürlich gern, Madam«, erwiderte der junge Mann lächelnd. »Darf ich Ihnen einen Stuhl anbieten?« Dann brachte er ihr einen Stuhl, ohne ihre Antwort abzuwarten. Nachdem der Regen nachgelassen hatte, bot der junge Mann der Dame seinen Arm an, führte sie zum Ausgang und wünschte ihr einen schönen Tag. Bevor sie ging, bat sie den Verkäufer um seine Karte.

Mehrere Monate später erhielt der Besitzer des Kaufhauses einen Brief, in dem er gebeten wurde, den jungen Mann nach Schottland zu schicken, wo er die Möblierung eines Hauses betreuen sollte. Der Ladenbesitzer schrieb in seinem Antwortbrief, es tue ihm leid, aber der junge Mann arbeite nicht in der Möbelabteilung. Er betonte aber, er würde stattdessen mit Freuden einen erfahreneren Mitarbeiter senden, der die Aufgabe übernehmen könne.

Im nächsten Brief wurde ihm mitgeteilt, dass niemand außer diesem einen Mann infrage käme. Die Briefe waren von Andrew

Carnegie unterschrieben, und das »Haus«, das er einrichten lassen wollte, war Schloss Skibo in Schottland. Die ältere Dame war Carnegies Mutter gewesen.

Der junge Mann wurde nun doch nach Schottland geschickt. Er nahm eine Möbelbestellung in Höhe von mehreren Hunderttausend Dollar entgegen. Obendrein wurde er an dem Kaufhaus beteiligt und erarbeitete sich später die Hälfte der Anteile des Unternehmens.

Es zahlt sich also wirklich aus, freiwillig mehr zu leisten, als von einem verlangt wird.

Vor einigen Jahren wurde der Herausgeber des *The Golden Rule Magazine* eingeladen, an der Palmer School in Davenport, Iowa, eine Rede zu halten. Er nahm die Einladung zum üblichen Honorar an, das sich auf einhundert Dollar plus Reisekosten belief. Während seines Aufenthalts an dieser Schule sammelte der Herausgeber genügend Material für mehrere Geschichten, die er für sein Magazin nutzen konnte.

Nachdem er seine Rede gehalten hatte und bereit war, nach Chicago zurückzukehren, bat man ihn, seine Spesenabrechnung einzureichen, damit man ihm einen Scheck ausstellen konnte. Aber der Herausgeber lehnte es ab, Geld für seine Rede oder seine Ausgaben anzunehmen. Er erklärte, durch das Material, das er für sein Magazin hatte sammeln können, sei er bereits angemessen bezahlt worden. Er setzte sich mit dem Gefühl, reichlich entlohnt worden zu sein, in den Zug zurück nach Chicago.

Schon in der folgenden Woche gingen aus Davenport zahlreiche Abonnementbestellungen für seine Zeitschrift ein. Am Ende der Woche hatte er Bestellungen in Höhe von sechstausend Dollar erhalten. Dann folgte ein Brief eines Dr. Palmer, der ihm mitteilte, die Abonnementbestellungen stammten von seinen

Studenten, die von der Weigerung des Herausgebers gehört hatten, die Bezahlung anzunehmen, die ihm versprochen worden war und die er sich verdient hatte.

Im Laufe der beiden folgenden Jahre schickten ihm die Schüler und Absolventen der Palmer School Abonnementanforderungen für sein *The Golden Rule Magazine* in Höhe von fünfzigtausend Dollar. Diese Geschichte war so eindrucksvoll, dass sie auch von einer Zeitschrift aufgegriffen wurde, die in der gesamten englischsprachigen Welt vertrieben wurde. Bald folgten Bestellungen aus den unterschiedlichsten Ländern.

Indem er einen Dienst leistete, der zwar einen Wert von einhundert Dollar hatte, für den er sich aber nicht bezahlen ließ, gelang es dem Herausgeber, das Gesetz steigender Gewinne für sich arbeiten zu lassen. Dies brachte ihm mehr als das Fünfhundertfache seiner Investition ein. Die Angewohnheit, freiwillig mehr zu leisten als verlangt, ist also keine Fantasterei. Sie zahlt sich früher oder später aus – und zwar ordentlich! Wie bei anderen Investitionen, schüttet diese Angewohnheit Dividenden aus, und das oft ein Leben lang!

Jetzt wollen wir uns einmal anschauen, was geschieht, wenn die Gelegenheit, freiwillig mehr zu leisten als verlangt, nicht genutzt wird:

Eines späten, verregneten Nachmittags saß ein Auto-»Verkäufer« an seinem Schreibtisch im Verkaufsraum der New Yorker Filiale, der voller teuren Autos stand. Die Tür öffnete sich, und herein trat ein Mann, der fröhlich seinen Stock schwang.

Der »Verkäufer« blickte von seiner Tageszeitung auf, warf dem Kunden einen flüchtigen Blick zu und hielt ihn sofort für einen der zahlreichen Schaufensterbummler des Broadways, die nichts weiter tun, als anderen Menschen die wertvolle Zeit zu stehlen.

Er widmete sich wieder seiner Zeitung und machte sich nicht einmal die Mühe, sich aus seinem Stuhl zu erheben.

Der Mann mit dem Stock ging durch die Verkaufshalle und sah sich einen Wagen nach dem anderen genauer an. Schließlich trat er an den Tisch des »Verkäufers«, wirkte auf seinen Stock gestützt etwas wackelig, und fragte ruhig nach den Preisen von drei der Autos, die in dem Verkaufsraum standen. Ohne von seiner Zeitung aufzublicken, nannte der »Verkäufer« ihm die Preise und widmete sich wieder seiner Lektüre.

Der Mann mit dem Stock ging wieder zu den drei Autos hinüber, die er sich bereits näher angesehen hatte, trat jedem einzelnen gegen die Reifen, kehrte dann wieder zu dem beschäftigten Angestellten hinter dem Schreibtisch zurück und sagte: »Nun, ich kann mich nicht entscheiden, ob ich dieses, das andere oder das dort hinten kaufen soll – oder einfach alle drei.«

Der Mann hinter dem Schreibtisch reagierte mit einem höhnischen, besserwisserischen Grinsen, das so viel wie ›genau, wie ich es mir schon gedacht hatte‹ bedeuten sollte.

Daraufhin sagte der Mann mit dem Stock: »Nun, ich glaube, ich werde einen der Wagen kaufen. Liefern Sie den mit den gelben Rädern bitte morgen zu mir nach Hause. Wie viel, sagten Sie, kostet der?«

Er holte sein Scheckbuch heraus, stellte einen Scheck aus, reichte ihn dem »Verkäufer« und verließ den Laden.

Als der »Verkäufer« den Namen auf dem Scheck las, lief sein Gesicht in sämtlichen Rottönen an und er bekam beinahe einen Herzinfarkt. Der Mann, der den Scheck ausgestellt hatte, war der weltberühmte Harry Payne Whitney gewesen. Der »Verkäufer« begriff, dass er, wenn er sich nur die Mühe gemacht hätte, sich von seinem Stuhl zu erheben, ohne große Anstrengung alle drei Autos hätte verkaufen können.

Weniger zu leisten, als man könnte, kann einen teuer zu stehen kommen – eine Tatsache, die viele Menschen erst zu spät erkennen.

Das Recht auf Eigeninitiative hat wenig Wert für Leute, die zu gleichgültig oder zu faul sind, davon Gebrauch zu machen. Viele Menschen gehören in diese Kategorie, ohne je zu erkennen, weshalb sie es nie zu Reichtum bringen.

Vor über vierzig Jahren stellte ein junger Verkäufer in einem Eisenwarenladen fest, dass sich im Sortiment viele veraltete Ladenhüter befanden, die sich nicht mehr verkaufen ließen. Als er ein wenig Zeit hatte, stellte er einen Tisch in der Mitte des Ladens auf. Er packte einen Teil der unverkäuflichen Ware darauf und zeichnete sie mit einem Schnäppchenpreis von zehn Cent pro Artikel aus. Zu seiner eigenen und der Überraschung des Ladenbesitzers ging die Ware weg wie warme Semmeln.

Aus dieser Erfahrung entstand die große Woolworth-Ladenkette der Fünf- und Zehn-Cent-Läden. Der junge Mann, der zufällig auf die Idee gestoßen war, indem er freiwillig mehr leistete, als man von ihm verlangte, hieß Frank W. Woolworth. Seine Idee brachte ihm ein geschätztes Vermögen von mehr als fünfzig Millionen Dollar ein. Darüber hinaus machte diese Idee auch andere Menschen reich, denn in abgewandelter Form ist sie heute ein fester Bestandteil vieler ertragreicher Unternehmen.

Niemand hat den jungen Woolworth darum gebeten, von seinem Recht auf Eigeninitiative Gebrauch zu machen. Niemand bezahlte ihn dafür, und doch führte sein Handeln zu einem stetig steigenden Ertrag für seine Mühen. Sobald er seine Idee in die Praxis umgesetzt hatte, wurde er regelrecht mit Einnahmen überschüttet.

Wenn man freiwillig mehr leistet als das, wofür man bezahlt wird, dann zieht man aus dieser Gewohnheit jederzeit seinen Nutzen – selbst wenn man schläft. Sobald man beginnt, so zu leben, häufen sich die Reichtümer in einem Tempo an, das an Zauberei grenzt. Wie bei Aladin mit seiner Wunderlampe, marschiert eine Armee der guten Geister herbei, die uns Säcke voll Gold zu Füßen legen.

Vor etwa dreißig Jahren rollte Charles M. Schwab in seinem privaten Eisenbahnwaggon auf das Abstellgleis neben seiner Stahlfabrik in Pennsylvania ein. Der Morgen war kalt und frostig. Als Schwab aus dem Waggon stieg, begrüßte ihn ein junger Mann mit einem Notizblock in der Hand. Er erklärte hastig, er sei Stenograf im Hauptbüro des Stahlunternehmens und gekommen, um Schwab zu fragen, ob er irgendwelche Briefe zu diktieren oder Telegramme zu verschicken habe.

»Wer hat Sie denn gebeten, mich danach zu fragen?«, erkundigte sich Schwab.

»Niemand«, antwortete der Mann. »Ich habe das Telegramm gelesen, das Ihre Ankunft ankündigte, deshalb bin ich hergekommen, um Sie zu begrüßen. Ich hatte gehofft, dass ich etwas für Sie tun kann.«

Man höre sich das an! Er kam, weil er hoffte, etwas tun zu können, wofür er nicht bezahlt wurde. Und er kam aus eigenem Antrieb, ohne darum gebeten worden zu sein.

Schwab dankte ihm höflich für die Aufmerksamkeit, teilte dem Mann jedoch mit, er benötige im Augenblick keinen Stenografen. Nachdem er sich den Namen des Mannes notiert hatte, schickte er ihn wieder zurück an die Arbeit.

Am Abend, als der Privatwaggon für die Rückkehr nach New York City wieder an den Nachtzug angehängt wurde, war auch der junge Stenograf an Bord. Er war, auf Schwabs Bitte hin, als dessen Assistent für sein New Yorker Büro engagiert worden. Der Name des jungen Mannes war Williams. Er blieb über viele Jahre hinweg in Schwabs Diensten und ihm boten sich immer neue unerwartete Aufstiegsmöglichkeiten.

Es ist schon merkwürdig, dass sich solche Möglichkeiten stets jenen Menschen zu bieten scheinen, die allzeit bereit sind, freiwillig mehr zu leisten, als man von ihnen verlangt. Aber so ist es tatsächlich.

Jahre später bot sich dem jungen Williams eine Gelegenheit, die er nicht ignorieren konnte. Er wurde zum Präsidenten und wichtigen Aktionär einer der größten Arzneimittelkonzerne der Vereinigten Staaten ernannt – eine Stelle, die ihm so viel Reichtum einbrachte, dass alle seine Bedürfnisse mehr als gedeckt waren.

Dieses Beispiel zeigt ganz klar, was durch das freie Marktwirtschaftssystem möglich ist. Solche Erfolgsgeschichten haben sich im Laufe der Jahre auch schon unzählige Male ereignet.

Die Angewohnheit, freiwillig mehr zu leisten als verlangt, zahlt sich aber nicht nur für Angestellte aus. Sie nützt Arbeitgebern ebenso wie Arbeitnehmern, wie mir ein Geschäftsmann, den ich recht gut kannte, dankbar erzählte. Sein Name war Arthur Nash. Er betrieb ein Geschäft für Maßbekleidung. Irgendwann stellte Nash fest, dass sein Unternehmen kurz vor den Konkurs stand. Der Erste Weltkrieg und andere Ereignisse, auf die er keinerlei Einfluss zu haben schien, hatte ihn an den Rand des finanziellen Ruins gebracht.

Nash begriff irgendwann, dass eines seiner größten Probleme darin bestand, dass seine Angestellten sich von seiner Schwarzseherei hatten anstecken lassen. Das war deutlich zu erkennen, weil sie immer langsamer arbeiteten und zusehends mürrischer wurden. Seine Situation wurde immer verzweifelter. Irgendetwas musste passieren, und es musste schnell passieren, wenn er im Geschäft bleiben wollte.

Aus purer Verzweiflung rief er seine Mitarbeiter zusammen und klärte sie über die ernste Situation auf. Während er sprach, kam ihm eine Idee. Er erzählte davon, dass er einen Bericht im *The Golden Rule Magazine* gelesen hatte, der beschrieb, wie dessen Herausgeber außergewöhnlichen Einsatz gezeigt hatte, indem er einen Dienst erbracht und sich anschließend geweigert hatte, sich dafür bezahlen zu lassen – nur um dafür spontan mit Abonnementbestellungen im Wert von über sechstausend Dollar belohnt zu werden.

Er schloss seine Rede mit dem Vorschlag, dass sie das Geschäft vielleicht gemeinsam retten könnten, wenn er selbst und all seine Mitarbeiter von nun an mit derselben Einstellung ans Werk gingen und ebenfalls damit anfingen, freiwillig mehr zu leisten als verlangt.

Er versprach seinen Mitarbeitern, dass, wenn sie mit ihm dieses Experiment wagen wollten, er alles versuchen würde, um das Geschäft weiterzuführen. Nash bat jedoch darum, dass alle vorerst nicht auf regelmäßige Bezahlung bestanden, ebenso auf feste Arbeitszeiten. Jeder sollte sein Bestes geben und darauf hoffen, dennoch für seine Anstrengungen entlohnt zu werden. Sollte das Unternehmen so wieder auf die Beine kommen, würde jeder Mitarbeiter zusätzlich zu dem ihm zustehenden Lohn noch einen Bonus erhalten.

Den Angestellten gefiel die Idee und sie willigten ein, es zu versuchen. Am nächsten Tag kamen sie mit ihren kleinen Ersparnissen, die sie Nash aus freien Stücken leihen wollten, zur Arbeit. Alle gingen mit einem völlig neuen Elan an die

Arbeit und das Geschäft zeigte schon bald erste Anzeichen einer Erholung. Nach kurzer Zeit brachte es wieder genügend Erträge ein, um alle Löhne und sonstigen Ausgaben zu decken, ja, bald darauf florierte es wie nie zuvor. Zehn Jahre später hatte das Unternehmen Nash reich gemacht. Aber auch seine Mitarbeiter waren wohlhabender geworden als je zuvor. Alle waren zufrieden.

Auch heute, nach Arthur Nashs Tod, ist das Unternehmen noch eine der erfolgreichsten Schneidereien in ganz Amerika, denn als Nash sich in den Ruhestand zurückzog, haben die Angestellten das Geschäft übernommen. Fragen Sie einen von ihnen, was er davon hält, freiwillig mehr zu leisten als verlangt, und Sie werden die erwartete Antwort bekommen!

Oder sehen Sie selbst, mit wie viel Begeisterung und Selbstvertrauen diese Leute ihrer Arbeit nachgehen. Wer vom Geist des *außergewöhnlichen Engagements* erfasst wird, wird zu einem völlig neuen Menschen. Er sieht die Welt mit anderen Augen und wird selbst anders wahrgenommen, weil er ein anderer ist.

Dies ist ein geeigneter Zeitpunkt, um Sie auf noch etwas Wichtiges aufmerksam zu machen, das mit der Angewohnheit zusammenhängt, freiwillig mehr zu tun als nur das, wofür man bezahlt wird: Ich spreche von dem seltsamen Einfluss, den sie auf alle ausübt, die sie sich zu eigen gemacht haben. Den größten Gewinn beschert sie nämlich nicht dem Menschen, dem der entsprechende Dienst erwiesen wurde, sondern demjenigen, der ihn leistete. Sie schenkt ihm eine neue *geistige Einstellung*, die ihm zu mehr Ansehen bei anderen Menschen, größerem Selbstvertrauen, mehr Begeisterung, einer kreativeren Vorstellungskraft und einer zielbewussten Entschlossenheit verhilft. Dies alles sind die unverkennbaren Anzeichen des persönlichen Erfolges.

»Tue es einfach und du wirst Energie daraus schöpfen«, sagte Emerson. Oh ja, *Energie!* Was kann ein Mensch in unserer Welt ohne Energie erreichen? Aber es muss die Art von Energie sein, die andere anzieht, anstatt sie abzustoßen. Es muss eine Energie sein, die durch das *Gesetz der steigenden Erträge* angetrieben wird, dann werden wir für unser Handeln und unsere Mühen um ein Vielfaches entlohnt werden.

Alle, die für einen Arbeitgeber arbeiten, sollten mehr über dieses *Ernten-was-wir-säen-Prinzip* erfahren. So würden sie verstehen, warum niemand, der sein Leben lang nur die Saat der unzureichenden Dienstleistungen sät, dauerhaft den vollen Lohn ernten kann. Sie würden erkennen, dass die Angewohnheit, den vollen Lohn für einen halben Tag Arbeit zu fordern, zwangsläufig irgendwann zu einem Ende führen muss.

An dieser Stelle möchte ich mich an all jene unter Ihnen wenden, die kein Gehalt beziehen, aber den Wunsch hegen, mehr von den schönen Dingen des Lebens zu bekommen. Weshalb gehen Sie nicht endlich clever ans Werk und holen sich die Dinge, die Sie sich wünschen, auf einem ganz leichten und sicheren Weg? Ja, es gibt einen leichten, sicheren Weg, das zu bekommen, was man vom Leben erwartet. Das Geheimnis dieses Weges enthüllt sich all jenen, die unter ihren Mitmenschen dafür bekannt sind, bereit zu sein, freiwillig mehr zu leisten als nur das Nötigste. Das Geheimnis lüftet sich auf keinem anderen Weg, *denn es liegt in dieser Angewohnheit verborgen.*

Der Topf voller Gold am »Ende des Regenbogens« ist kein Märchen! Am Ende des Weges des außergewöhnlichen Engagements endet auch der Regenbogen und genau dort ist der Topf voller Gold versteckt. Nur wenige Menschen erreichen jemals das Ende dieses »Regenbogens«. Wenn sie die Stelle erreichen, von der sie dachten, der Regenbogen ende dort, müssen sie feststellen, dass er doch noch sehr weit entfernt liegt. Das Problem der meisten von uns ist, dass wir nicht wissen, wie man einem Regenbogen folgt. Diejenigen, die das Geheimnis kennen, wissen allerdings, dass das Ende des Regenbogens nur über den Weg der freiwilligen Mehrleistungen zu finden ist.

An einem Spätnachmittag vor vielen Jahren betrat William C. Durant, der Gründer von General Motors, nach Geschäftsschluss seine Bank und äußerte einen Wunsch, der ihm eigentlich nur während der regulären Geschäftszeiten erfüllt werden konnte. Der Mann, der ihm den Wunsch erfüllte, war Carol Downes, ein kleiner Angestellter der Bank. Er bediente Durant nicht nur mit großer Sachkenntnis, sondern leistete freiwillig mehr, als der Kunde von ihm verlangte. Außerdem war er noch überaus höflich und gab Durant das Gefühl, dass es ihm tatsächlich das reinste Vergnügen sei, ihm zu Diensten zu sein. Die Begebenheit erschien ihm banal und an sich hatte es auch keine besondere Bedeutung. Was Downes nicht ahnte, war, dass sein zuvorkommendes Verhalten für ihn ein Nachspiel mit weitreichenden Folgen haben sollte.

Am nächsten Tag wurde Downes von Durant in dessen Büro gebeten. Durant bot ihm eine Stelle an, die er annahm. Ihm wurde ein Schreibtisch in einem Großraumbüro zugewiesen, in dem außer ihm noch an die hundert weitere Angestellte arbeiteten. Man teilte ihm mit, seine Arbeitszeit beginne um 8.30 Uhr und ende um 17.30 Uhr. Sein Anfangsgehalt war eher bescheiden.

Am Ende des ersten Arbeitstages, als der Gong das Ende der Arbeitszeit verkündete, beobachtete Downes, dass alle hastig nach ihrem Mantel und Hut griffen und zur Tür eilten. Er blieb ruhig sitzen und wartete, bis die anderen das Büro verlassen hatten. Auch nachdem alle verschwunden waren, blieb er an seinem Schreibtisch sitzen und fragte sich, was wohl der Grund dafür war, weshalb es alle mit Ende der Arbeitszeit so eilig gehabt hatten, aus dem Büro zu stürmen.

Eine Viertelstunde später öffnete Durant seine Bürotür und sah Downes noch an seinem Schreibtisch sitzen. Durant fragte, ob Downes wisse, dass er um 17.30 Uhr seine Arbeit beenden dürfe.

»Sicher«, antwortete Downes, »aber ich wollte in der großen Hektik nicht überrannt werden.« Dann fragte er, ob er irgendetwas für Durant tun könne. Der Motor-Magnat bat ihn, er möge ihm doch einen Bleistift besorgen. Downes fand einen Bleistift, spitzte ihn an und brachte ihn seinem Chef. Dieser dankte ihm und wünschte ihm einen schönen Abend.

Auch am nächsten Tag blieb Downes wieder an seinem Schreibtisch sitzen, bis sich das Durcheinander des großen Aufbruchs gelegt hatte. Dieses Mal wartete er jedoch mit einer bestimmten Absicht. Nach kurzer Zeit trat Durant aus seinem Büro und fragte erneut, ob Downes nicht wisse, dass die Arbeitszeit um 17.30 Uhr endete.

Downes lächelte: »Doch, ich weiß, dass die anderen dann alle aufhören zu arbeiten. Aber mir hat niemand gesagt, dass ich das Büro verlassen muss, sobald meine Arbeitszeit offiziell beendet ist. Ich bin hiergeblieben, weil ich die Hoffnung hegte, möglicherweise wieder etwas für Sie tun zu können.«

»Was für eine ungewöhnliche *Hoffnung*«, rief Durant aus. »Wie kommen Sie denn auf diese Idee?«

»Ich bin darauf gekommen, weil ich jeden Abend sehe, was sich hier bei Geschäftsschluss abspielt«, antwortete Downes.

Durant murmelte eine Erwiderung, die Downes nicht verstand, und ging zurück in sein Büro.

Von da an blieb Downes nach Ablauf seiner Arbeitszeit immer so lange an seinem Schreibtisch sitzen, bis Durant nach Hause gegangen war. Er wurde nicht dafür bezahlt, dass er Überstunden machte. Niemand sagte ihm, er solle es tun. Niemand versprach ihm irgendetwas dafür. Soweit ein zufälliger Betrachter es beurteilen konnte, *verschwendete er nur seine Zeit.*

Mehrere Monate später wurde Downes in Durants Büro gerufen. Ihm wurde mitgeteilt, man habe ihn für eine Position in einer neuen Fabrik ausgewählt, die das Unternehmen kürzlich übernommen hatte. Dort sollte er den Einbau des Maschinenparks überwachen. Das muss man sich einmal vorstellen! Ein ehemaliger Bankangestellter, der innerhalb weniger Monate zum Maschinenparkexperten aufsteigt.

Downes nahm die Stelle ohne Umschweife an und machte sich an die Arbeit. Er sagte nicht: »Aber, Mr. Durant, ich verstehe nichts vom Einbau von Maschinen.« Er erwiderte auch nicht: »Aber das ist nicht meine Aufgabe« oder »Dafür werde ich nicht bezahlt«. Nein, er machte sich an die Arbeit und tat, was man ihm aufgetragen hatte. Und noch viel wichtiger: Er ging mit einer *positiven geistigen Einstellung* ans Werk.

Drei Monate später hatte Downes seine Aufgabe erfüllt – und das so gut, dass Durant ihn erneut in sein Büro rief und ihn fragte, wo er so viel über Maschinen gelernt hatte. »Oh«, antwortete Downes, »über Maschinen habe ich nie etwas gelernt, Mr. Durant. Ich habe mich nur umgehört und Leute gefunden, die wussten, was zu tun war, und dann habe ich sie eingestellt. Sie haben die Arbeit erledigt.«

»Wunderbar!«, rief Durant. »Es gibt zwei Arten von nützlichen Menschen. Die einen sind diejenigen, die eine Aufgabe erledigen können, gut erledigen können, ohne sich zu beklagen, dass sie überfordert werden. Die anderen sind diejenigen, die andere dazu bringen können, eine Aufgabe gut zu erledigen, ohne sich zu beklagen. Und Sie gehören zu beiden Sorten.«

Downes dankte ihm für das Kompliment und wandte sich zum Gehen.

»Warten Sie einen Augenblick«, bat Durant noch. »Ich habe ganz vergessen, Ihnen zu sagen, dass Sie der Manager der neuen Fabrik sind, deren Maschinenpark Sie eingerichtet haben. Ihr Anfangsgehalt beträgt fünfzigtausend Dollar im Jahr.«

Die nächsten zehn Jahre der Zusammenarbeit mit Durant brachten Carol Downes zwischen zehn und zwölf Millionen Dollar ein. Er wurde zu einem wichtigen Berater des Motor-Königs und machte sich selbst dadurch zu einem reichen Mann.

Das größte Problem so vieler von uns ist, dass wir andere Menschen sehen, die es *geschafft haben*, und dass wir sie in der Stunde ihres Erfolges nur bestaunen, ohne uns die Mühe zu machen, sie zu fragen, wie oder weshalb sie es *geschafft haben.*

Carol Downes' Geschichte enthält eigentlich nichts Dramatisches. Die beschrieben Ereignisse trugen sich während der normalen Geschäftszeit zu, ohne dass auch nur einer der Kollegen, die in dem Büro arbeiteten, überhaupt Notiz davon genommen hätte. Doch ich habe nicht den geringsten Zweifel daran, dass viele seiner Kollegen ihn beneideten, weil sie dachten, er sei durch irgendeinen glücklichen Zufall oder besondere Beziehungen zu Durants Liebling geworden. Solche oder ähnliche Ausreden legen sich die Erfolglosen nämlich zurecht, um zu erklären, weshalb sie selbst nicht vorankommen.

Nun, um ehrlich zu sein, hatte Downes tatsächlich eine besondere Verbindung zu Durant! Er baute diese *Verbindung* allerdings aus eigener Initiative auf. Er hat sie sich geschaffen, indem er bei vollkommen banalen Vorgängen freiwillig mehr leistete, als von ihm verlangt wurde – so spitzte er den Bleistift extra an, als man ihn um einen ganz normalen Bleistift bat. Er hat sie geschaffen, weil er jeden Abend an seinem Schreibtisch sitzen blieb und hoffte, dass er noch etwas für seinen Arbeitgeber tun könnte. Er hat sie sich geschaffen, indem er von seinem Recht auf Eigeninitiative Gebrauch machte und nach Männern suchte, die wussten, wie man Maschinen aufstellt, anstatt Durant zu fragen, wie und wo er solche Männer finden konnte.

Wenn Sie einen dieser Schritte nach dem anderen zurückverfolgen, werden Sie erkennen, dass Downes' Erfolg allein auf seine Eigeninitiative zurückzuführen ist. Tatsächlich besteht seine Geschichte aus einer Reihe kleinerer Aufgaben, die er sorgfältig und mit der richtigen geistigen Einstellung erledigte. Möglicherweise gab es unter Durants Angestellten Hunderte von Männern, die diese Aufgaben ebenso gut erledigt hätten wie Downes, aber das Problem mit ihnen war, dass sie nach dem »Ende des Regenbogens« suchten, indem sie jeden Nachmittag Punkt 17.30 Uhr von ihm wegrannten.

Viele Jahre später wurde Carol Downes von einem Freund gefragt, wie er zu seiner Chance bei Durant gekommen sei. »Oh«, erwiderte Downes bescheiden, »ich habe einfach dafür gesorgt, dass ich ihm ständig im Weg stand, sodass er mich sehen musste. Wenn er sich umschaute, weil er jemanden suchte, der eine Kleinigkeit für ihn erledigte, rief er nach mir, weil ich der Einzige in Sichtweite war. Und mit der Zeit war es ihm zur Gewohnheit geworden, nach mir zu rufen.«

Da sehen Sie es! Durant *war es zur Gewohnheit geworden,* sich an Downes zu wenden, denn er wusste aus der bisherigen Erfahrung mit ihm, dass Downes freiwillig mehr leistete, als von ihm verlangt wurde, und dass er Verantwortung übernehmen würde. Es ist schade, dass wir nicht alle bereit sind, freiwillig etwas mehr Verantwortung zu übernehmen. Schade, dass wir nicht endlich viel mehr über unsere Chancen sprechen, die die moderne Gesellschaft uns bietet, und weniger über mangelnde Möglichkeiten jammern.

Gibt es irgendwo jemanden, der ernsthaft der Ansicht ist, es wäre Carol Downes besser ergangen, wenn er gesetzlich gezwungen gewesen wäre, sich dem irren Durcheinander anzuschließen und seine Arbeit jeden Tag pünktlich um 17.30 Uhr zu beenden? Hätte er das getan, wäre er nur mit dem gewöhnlichen Lohn für seine Arbeit bezahlt worden, aber nicht mehr. Weshalb hätte er auch mehr bekommen sollen?

Sein Schicksal lag in seinen eigenen Händen. Es steckte in jenem Privileg, das wir uns alle bewusst machen sollten – in seinem Recht auf Eigeninitiative, durch die er es sich zur Gewohnheit machte, stets mehr zu leisten, als verlangt wurde. Das ist die ganze Geschichte. In Downes' Erfolg steckt kein Geheimnis. Er gibt es selbst zu, und jeder, der die Umstände seines Aufstiegs aus ärmlichen Verhältnissen zum Reichtum kennt, kann es bestätigen.

Eines scheint jedoch niemand erklären zu können: Weshalb erkennen nur so wenige Menschen – wie etwa Carol Downes – die Kraft, die in der Bereitschaft liegt, mehr zu tun als nur das, wofür man bezahlt wird? In ihr steckt die Saat aller großen Erfolge. Sie sind das Geheimnis aller nennenswerten Erfolge. Doch diese Tatsache begreifen nur sehr wenige. Die meisten halten sie für einen Trick, mit dem Arbeitgeber versuchen, ihre Angestellten dazu zu bringen, härter zu arbeiten.

Die Gleichgültigkeit gegenüber der Angewohnheit zu außergewöhnlichem Engagement hat ein *Besserwisser* auf anschauliche Weise zum Ausdruck gebracht, als er sich bei Henry Ford um eine Stelle bewarb. Ford fragte den Mann nach seinen Erfahrungen und Gewohnheiten und stellte ihm die üblichen Fragen.

Er war mit den Antworten recht zufrieden. Dann fragte er: »Welchen Verdienst erwarten Sie für Ihre Arbeit?«

Der Mann reagierte ausweichend und schließlich sagte Ford: »Nun, was halten Sie davon, wenn Sie erst einmal anfangen und uns zeigen, was Sie können, *und wir Ihnen genau das bezahlen, was Sie wert sind*, wenn wir uns ein Bild von Ihnen gemacht haben?«

Da rief Mr. Besserwisser aus: »Da bekomme ich ja bei meiner momentanen Anstellung mehr!«

Ich bezweifle nicht, dass das absolut der Wahrheit entsprach.

Aber dieses Beispiel zeigt sehr genau, weshalb so viele Menschen im Leben nicht vorankommen. Sie bekommen dort, wo sie arbeiten, »mehr, als sie wert sind« und sie lernen nie, sich zu verbessern, indem sie mehr wert werden!

1899, kurz nach Ende des Spanisch-Amerikanischen Krieges, schrieb Elbert Hubbard eine Geschichte mit dem Titel *Nachricht an Garcia.* Darin erzählte er, wie Präsident William McKinley einen jungen Soldaten namens Rowan damit beauftragte, dem Rebellenanführer Garcia, dessen genauer Aufenthaltsort nicht bekannt war, eine Nachricht der amerikanischen Regierung zu überbringen. Der junge Soldat nahm das Schreiben, schlug sich durch das Dickicht des kubanischen Dschungels, stöberte Garcia schließlich auf und übergab ihm die Nachricht. Das war die ganze Geschichte – nur ein Soldat, der trotz schwieriger Bedingungen einen Befehl ausführte und sich nicht mit einer Ausrede aus der Affäre zu ziehen versuchte.

Die Geschichte regte die Fantasie vieler Menschen an und verbreitete sich auf der ganzen Welt. Die einfache Tat eines Mannes, der eine Aufgabe bekam, die er hervorragend erfüllte, entwickelte sich zu einem Bestseller. *Nachricht an Garcia* wurde als schmales Büchlein veröffentlicht und die Verkaufszahlen stiegen mit etwa vierzig Millionen Exemplaren auf ein Rekordniveau. Diese eine Geschichte machte Elbert Hubbard berühmt – davon, dass sie ihn auch reich machte, ganz zu schweigen.

Auch lange, nachdem Elbert Hubbard 1917 mit der unglückseligen *Lusitania* untergegangen war, blieb *Nachricht an Garcia* noch ein Besteller. Die Geschichte wurde in mehrere Sprachen übersetzt. Die japanische Regierung teilte an jeden ihrer Soldaten während des Japanisch-Russischen Krieges ein Exemplar aus. Die Pennsylvania Railroad Company stellte jedem ihrer Tausenden von Mitarbeitern eine Ausgabe zur Verfügung. Die großen Lebensversicherungsunternehmen in Amerika legten sie ihren Vertretern vor.

Die Geschichte war deshalb so beliebt, weil sie von der magischen Kraft erzählt, die jene Menschen ausstrahlen, die etwas leisten und ihre Aufgabe gut erfüllen. Die ganze Welt reißt sich um solche Menschen. Sie werden überall gesucht und gebraucht. Die Industrie bietet Menschen, die Verantwortung übernehmen können und wollen und ihre Aufgabe mit der richtigen geistigen Einstellung erfüllen, immer einen sicheren und gut bezahlten Arbeitsplatz.

Andrew Carnegie hat nicht weniger als vierzig einfachen Arbeitern dazu verholfen, Millionäre zu werden – Charles M. Schwab gehörte dazu. Carnegie hatte erkannt, welchen Wert Menschen haben, die bereit sind, freiwillig mehr zu leisten, als man von ihnen verlangt. Wann immer ihm ein solcher Mensch begegnete, stellte er ihn in der Führungsetage seines Unternehmens ein und gab ihm so die Gelegenheit, zu verdienen, *was er wirklich wert war.*

Für alles, was wir tun oder lassen, haben wir bestimmte Motive. Der beste Grund, um mehr zu tun als verlangt, ist die Aussicht auf dauerhafte und so unterschiedliche Gewinne, dass ich sie hier unmöglich alle aufzählen kann.

Es ist noch niemals jemand zu dauerhaftem Reichtum gelangt, der nicht bereit gewesen wäre, mehr zu tun als nur das, wofür er bezahlt wurde. Diese Praxis findet ihr Gegenstück auch in den Gesetzen der Natur. Sie basiert auf gesundem Menschenverstand und Gerechtigkeit. Um die Zuverlässigkeit dieses Prinzips zu testen, ist es am besten, es tagtäglich anzuwenden. Einige Wahrheiten erschließen sich uns nur durch persönliche Erfahrungen.

Jeder von uns möchte einen größeren Anteil der umfangreichen Ressourcen seines Landes für sich nutzen. Das ist ein verständlicher Wunsch, denn wir verfügen über Reichtum im Überfluss. Aber wir müssen uns endlich die närrische Angewohnheit abgewöhnen, ihn auf den falschen Wegen erreichen zu wollen. Lassen Sie uns unseren Reichtum erlangen, indem wir anderen etwas von Wert zurückgeben. So sind auch Andrew Carnegie, Thomas A. Edison, Henry Ford und viele andere Menschen ihres Schlages zu Wohlstand gekommen.

Wir kennen die Grundsätze, die uns zum Erfolg verhelfen. Wir sollten diesen Regeln folgen und sie auf intelligente Weise anwenden, denn dadurch erlangen wir die persönlichen Reichtümer, die wir uns wünschen – und tragen gleichzeitig zum Wohlstand des ganzen Landes bei.

Einige werden sagen: »Ich tue schon mehr als das, wofür ich bezahlt werde, aber mein Arbeitgeber ist so egoistisch und gierig, dass er nicht anerkennt, was ich für ihn leiste.«

Wir wissen alle, dass es gierige Menschen gibt, die wollen, dass man ihnen größere Dienste leistet als nur die, für die sie auch zu zahlen bereit sind. Doch so bringen habgierige Arbeitgeber ihre Angestellten unbeabsichtigt dazu, für sie mehr zu leisten – und der Angestellte wird früher oder später seinen ihm zustehenden Lohn erhalten. Kein Arbeitgeber möchte solch fleißigen Arbeiter verlieren. Dies ist also der Dreh- und Angelpunkt, an dem wir Arbeitgeber bei ihrer Gier packen können. Kluge Menschen wissen sehr genau, wo sie ansetzen müssen: Sie verringern die Qualität oder Quantität ihrer Arbeit nicht, *sondern sie steigern sie noch!*

Diese Methode hat sich schon hundertfach bewährt, denn sie trifft den habsüchtigen Arbeitgeber an seiner schwächsten Stelle und bringt ihn auf diese Weise von seiner Habsucht ab. In einigen Fällen hat der gierige Arbeitgeber nicht so schnell reagiert, wie erwartet, was aber nur zu seinem eigenen Nachteil war, da sein Angestellter die Aufmerksamkeit eines Konkurrenten auf sich zog, der ihm ein besseres Angebot machte und sich so dessen außergewöhnliche Dienste sicherte.

Es ist nicht möglich, Menschen die freiwillig mehr leisten, als von ihnen verlangt wird, um ihren Lohn zu betrügen. Sollten sie keine angemessene Anerkennung von ihrem Arbeitgeber erhalten, wird sie ihnen unweigerlich aus einer anderen Quelle zuteil werden – meist dann, wenn sie es am wenigsten erwarten. Aber sie erfolgt ganz sicher.

Wer mit der richtigen *geistigen Einstellung* nach dieser Erfolgsregel lebt, muss auch keine Zeit damit verschwenden, nach Arbeit zu suchen, da die Arbeit stets nach ihn sucht, ganz egal ob die Geschäfte gut oder schlecht laufen. Wer klug genug ist, sich unersetzbar zu machen, ist auch klug genug, sich dauerhaft einen Arbeitsplatz zu sichern, und das zu einem guten Gehalt.

Doch die meisten Menschen warten ihr Leben lang auf *glückliche Fügungen* und zufällige Gelegenheiten. Sie verlassen sich darauf, dass das *Glück* ihnen hilft und ihre Wünsche erfüllt. Aber da sie sich nie ein eindeutiges Ziel setzen, steuern sie auch niemals in die richtige Richtung. Ihre Hast ist sinnlos! Sie drehen sich ständig im Kreis. Wie Goldfische in einem Glas kommen sie immer wieder dort an, wo sie begonnen haben – mit leeren Händen und voller Enttäuschung.

Niemand sollte jedoch den Fehler machen, anzunehmen, die Angewohnheit, mehr zu leisten als verlangt wurde, zahle sich nur durch das Erlangen materiellen Reichtums aus. Sie hilft uns ebenfalls dabei, die Quelle spirituellen Reichtums anzuzapfen, aus der wir zur Erfüllung jedes menschlichen Bedürfnisses schöpfen können. Wer wirklich weise ist, erkennt, dass der größte Gewinn dieses Prinzips auch in den Freundschaften liegt, die ein Leben lang andauern, in harmonischen zwischenmenschlichen Beziehungen und in einer Arbeit, die man liebt. Ebenso in der Fähigkeit, andere zu verstehen, oder in der Bereitschaft, sein Glück mit anderen zu teilen – denn all diese Dinge zählen zu den Zwölf Reichtümern des Lebens.

Edward Choate war einer der Menschen, die diese Wahrheit erkannten und den Schlüssel zum Reichtum fanden. Er lebte in Los Angeles, Kalifornien, und verkaufte Lebensversicherungen. Zu Beginn seiner Karriere als Versicherungsvertreter konnte er sich dank seiner Arbeit einen bescheidenen Lebensstil leisten, aber er brach nicht gerade Rekorde. Durch ein unglückliches geschäftliches Wagnis verlor er all seine Ersparnisse und landete ganz unten. Er musste also ganz neu anfangen.

Ich sagte, ein *unglückliches geschäftliches Wagnis,* aber ich hätte es besser ein *glückliches geschäftliches Wagnis* nennen können, denn sein großer Verlust zwang ihn dazu, innezuhalten, sich umzusehen und über das Schicksal des Menschen *nachzudenken.* Einige Menschen scheint es auf die höchsten Sphären des Erfolges zu katapultieren, während es andere zu vorübergehenden Niederlagen und andere zu ewigem Misserfolg verdammt.

Durch sein Nachdenken wurde er zum Schüler der Philosophie des persönlichen Erfolges. Als Choate davon hörte, dass die Angewohnheit, stets mehr zu leisten, als verlangt wird, zum Erfolg führt, weckte das in ihm ein Gefühl des Verständnisses, das er noch nie zuvor gespürt hatte. Er begriff, dass der Verlust materiellen Reichtums Menschen zu einer Quelle noch größerer Reichtümer führen kann: zur Kraft ihres Geistes.

Dank dieser Erkenntnis erlangte Choate nach und nach die Zwölf Reichtümer des Lebens. Er begann ganz oben auf der Liste: Er entwickelte also zuerst eine *positive Geisteshaltung*. Er dachte nicht mehr ständig darüber nach, wie viele Lebensversicherungen er verkaufen könnte, sondern suchte nach Gelegenheiten, um anderen zu helfen, die mit schweren Problemen zu kämpfen hatten.

Die erste Gelegenheit bot sich ihm, als er mitten in der kalifornischen Wüste einen jungen Mann entdeckte, dessen Bergbau-Unternehmen gescheitert war und der sich regelrecht kurz vor dem Verhungern befand. Choate nahm den jungen Mann mit zu sich nach Hause, gab ihm zu essen, ermutigte ihn und ließ ihn so lange bei sich wohnen, bis er eine gute Anstellung für ihn fand.

Als er die Rolle des barmherzigen Samariters übernahm, dachte Choate dabei nicht an einen finanziellen Nutzen, denn es war offensichtlich, dass ein verarmter, gebrochener junger Mann nie und nimmer eine Lebensversicherung bei ihm kaufen würde. Schon bald darauf boten sich Choate in schneller Folge so viele Gelegenheiten, Unglücklichen zu helfen, dass es ihm schien, er sei zu einem Magneten geworden, der all jene Menschen anzieht, die schwere Probleme zu bewältigen hatten.

Aber der Schein trog, denn er durchlief lediglich eine Phase der Prüfungen, in der er zeigen konnte, wie ernst es ihm mit seiner Absicht war, anderen zu helfen. Eine Phase, die – das sollten wir nicht vergessen – jeder auf die eine oder andere Weise durchleben muss, der das Prinzip anwendet, freiwillig mehr zu leisten, als man von ihm verlangt.

Doch dann änderte sich seine Situation. Edward Choates Leben nahm eine Wendung, die er vermutlich nicht erwartet hatte. Er verkaufte immer mehr, immer höhere Lebensversicherungen und erreichte noch nie da gewesene Verkaufszahlen. Das Wunderbarste: Eine der höchsten Policen, die er bis dahin jemals ausstellte, verkaufte er an den Arbeitgeber jenes jungen Mannes aus der Wüste, mit dem er inzwischen gut befreundet war. Der Verkauf kam völlig ohne Choates Zutun zustande. Auch andere Verkäufe fielen ihm auf ähnliche Weise zu, bis er ohne große Anstrengungen schließlich mehr Versicherungen verkaufte, als es ihm je zuvor durch harte Arbeit geglückt war. Vor allem hatte er einen Kundenkreis gefunden, in dem er fast ausschließlich Policen in großer Höhe verkaufte. Männer, die viel Verantwortung trugen und Geschäfte in großem finanziellem Umfang tätigten, wandten sich an ihn, wenn sie Probleme mit ihrer Lebensversicherung hatten und einen Rat benötigten.

Choates Geschäft wuchs und wuchs, bis es ihn schließlich an das Ziel führte, das alle Versicherungsvertreter gerne erreichen würden: eine Mitgliedschaft an der Eine-Million-Dollar-Tafelrunde. Diese Ehre wird nur jenen wenigen zuteil, die in drei aufeinander folgenden Jahren Versicherungen in Höhe von mindestens einer Million Dollar verkaufen.

Indem er nach spirituellem Reichtum suchte, fand Edward Choate also auch materiellen Reichtum, und das in größerem Ausmaß, als er sich je hatte erträumen lassen. Nur sechs Jahre, nachdem er in die Rolle des barmherzigen Samariters geschlüpft war, stellte Choate alleine in den ersten vier Monaten des Jahres Lebensversicherungen in Höhe von über zwei Millionen Dollar aus.

Die Geschichte von Choates Erfolg verbreitete sich im ganzen Land. Er wurde eingeladen, auf Kongressen vor anderen Versicherungsvertretern zu sprechen. Sie wollten erfahren, wie es ihm gelungen war, eine solch beneidenswerte Ebene in ihrem Gewerbe zu erreichen.

Er erzählte es ihnen gerne! Im Gegensatz zu den meisten Menschen, die die oberste Sprosse der Erfolgsleiter erklommen haben, gab er ehrlich Auskunft. Er erklärte zudem in aller Bescheidenheit, dass sein Erfolg auf der Anwendung einer Philosophie beruhe, die er anderen zu verdanken habe. Normalerweise zeigen erfolgreiche Menschen ja die Tendenz, den Eindruck vermitteln zu wollen, ihr Erfolg basiere alleine auf ihrer eigenen Klugheit; sie gestehen nur sehr selten ein, dass sie ihn auch der Unterstützung von anderen zu verdanken haben.

Was für ein Jammer, dass es auf der Welt nicht mehr Edward Choates gibt! Denn jeder, der ernsthaft darüber nachdenkt, erkennt, wie offensichtlich es ist, dass niemand dauerhaften Erfolg haben kann, wenn ihm nicht auch die freundliche Unterstützung anderer sicher ist. Genauso wenig war noch niemand je dauerhaft erfolgreich, der nicht auch anderen geholfen hätte.

Edward Choate verfügte schließlich über ein großes materielles Vermögen. Aber sein geistiger Reichtum war noch viel umfangreicher, denn er hatte die Zwölf Reichtümer des Lebens nicht nur entdeckt, er hat sie sich auch angeeignet und sinnvoll eingesetzt. Geld ist nur der *letzte und unwichtigste unter ihnen.*

6

Das Mastermind-Prinzip

Definition: Das Mastermind-Prinzip ist eine Verbindung von zwei oder mehr Menschen, die in perfekter Harmonie zur Verwirklichung eines eindeutigen Zieles zusammenarbeiten.

Die Definition dieses Prinzips sollten Sie sich gut merken, denn sie enthält einen Schlüssel, der zu großer persönlicher Stärke führen kann. Das Mastermind-Prinzip ist die Basis aller großen Erfolge und der wichtigste Grundstein allen menschlichen Fortschritts – sei es der individuelle wie der kollektive.

Der Schlüssel zur Kraft dieses Prinzips liegt in dem Wort *Harmonie!*

Ohne dieses Element können gemeinschaftliche Bemühungen zwar zu einer Zusammenarbeit führen, diese wird jedoch nicht dieselbe Kraft haben, die perfekte Harmonie bei der Koordination der einzelnen Anstrengungen bringt.

Die wichtigsten Lehrsätze in Zusammenhang mit dem Mastermind-Prinzip sind die folgenden:

1. Durch das Mastermind-Prinzip können wir die Erfahrungen, die Ausbildung, das Fachwissen und die angeborenen Talente anderer Menschen so für uns selbst nutzen, ganz so, als entstammen sie unserem Verstand.

2. Eine Verbindung von zwei oder mehr Menschen, die in perfekter Harmonie an der Verwirklichung eines Zieles arbeiten, stimuliert jeden einzelnen der Beteiligten durch große Inspiration. So entwickelt sich der geistige Zustand, den wir Glauben nennen! Einen ungefähren Eindruck dieser Stimulation und ihrer Macht erfahren wir schon durch enge Freundschaften und Liebesbeziehungen.

3. Jedes menschliche Gehirn ist sowohl ein Sender als auch ein Empfänger von Gedankenwellen. Die stimulierende Wirkung des Mastermind-Prinzips wirkt durch einen sechsten Sinn auf unsere Gedankenprozesse ein; wir bezeichnen dies meist als Telepathie. Mit Hilfe einer solchen Gedankenübertragung werden viele geschäftliche oder berufliche Verbindungen geschlossen.

Nur sehr selten haben Menschen größere Erfolge erzielt oder dauerhafte Führungspositionen erreicht, ohne das Mastermind-Prinzip anzuwenden, durch das sie die geistigen Fähigkeiten ihrer Mitmenschen nutzen konnten. Diese Tatsache allein ist schon Beweis genug für die Zuverlässigkeit und die Wichtigkeit des Mastermind-Prinzips. Sie ist für jedermann offensichtlich, ohne als zu leichtgläubig zu erscheinen.

4. Wenn das Mastermind-Prinzip aktiv angewandt wird, können wir eine Verbindung zu unserem eigenen und dem Unterbewusstsein der Verbündeten herstellen. Dies kann viele der scheinbar wundersamen Ergebnisse erklären, die wir durch das Mastermind-Prinzip erzielen.

5. Besonders nutzbringend können wir das Mastermind-Prinzip in menschlichen Beziehungen anwenden, etwa in der Ehe, im religiösen Bereich oder in Geschäft und Beruf.

Das Mastermind-Prinzip ermöglichte es Thomas A. Edison, obwohl er nur über wenig Schulbildung und kein ausreichendes Wissen auf dem Gebiet der Naturwissenschaften verfügte, ein großer Erfinder zu werden – ein Umstand, der allen Hoffnung schenken sollte, die irrtümlich glauben, ernsthaft benachteiligt zu sein, weil sie keine gute schulische Ausbildung erhalten haben. So können wir etwa mit Unterstützung des Mastermind-Prinzips die Hilfe eines ausgebildeten Geologen nutzen, um die Entstehungsgeschichte und den Aufbau der Erde zu verstehen, ohne selbst Geologe sein zu müssen. Wir können uns das Wissen und die Erfahrung von Wissenschaftlern, Technikern, Physikern und geübten Mechanikern aneignen und zu erfolgreichen Erfindern werden, ohne selbst eine Ausbildung auf einem dieser Gebiete genossen zu haben – genauso, wie Edison es tat.

Es gibt zwei grundlegende Arten des Mastermind-Prinzips, und diese sind:

1. Bündnisse aus rein sozialen oder persönlichen Gründen mit Verwandten, religiösen Ratgebern oder Freunden, in denen wir nicht nach materiellen Gewinnen suchen. *Die wichtigste Verbindung dieser Art ist die zwischen Mann und Frau.*

2. Bündnisse, die geschäftlichen, beruflichen oder wirtschaftlichen Fortschritt bringen sollen. Sie werden zwischen Menschen geschlossen, deren persönliches Motiv die Verwirklichung eines bestimmten Zieles ist.

Wir wollen an dieser Stelle einige der wichtigsten Beispiele näher betrachten, die zeigen, welch große Kraft wir durch die Anwendung des Mastermind-Prinzips erlangen können. Dazu möchte ich zuerst die Regierungsform meiner Heimat Amerika analysieren, wie sie in der Verfassung der Vereinigten Staaten niedergeschrieben wurde. Sie ist nämlich eine Kraft, die jeden US-Bürger sehr stark beeinflusst und sich darüber hinaus auf die ganze übrige Welt auswirkt. Sie basiert auf Reichtum, Freiheit und Macht! Was für eine Ehrfurcht einflößende Kombination!

Die Quelle ihrer Vorzüge ist nicht schwer auszumachen: Sie findet sich im Kern der Verfassung unseres Landes sowie im System der freien Marktwirtschaft. Sie sind auf so harmonische Weise miteinander verbunden worden, dass sie Amerika sowohl eine spirituelle als auch eine wirtschaftliche Kraft beschert haben, die die Welt in dieser Form zuvor noch nie gesehen hatte.

Die Form der US-Regierung ist eine grandiose Mastermind-Verbindung, die aus der harmonischen Beziehung aller Menschen des Landes besteht. Der innerste Kern des amerikanischen Masterminds ist leicht zu erkennen, wenn wir diese Regierungsform einmal auseinandernehmen und ihre einzelnen Bestandteile näher betrachten.

Diese Bestandteile sind:

1. der exekutive Arm der Regierung (vertreten durch den Präsidenten)
2. der judikative Arm (vertreten durch den Obersten Gerichtshof)
3. der legislative Arm (vertreten durch die beiden Kongresshäuser)

Amerikas Verfassung wurde so weise gestaltet, dass die Macht hinter all diesen Regierungsarmen allein beim Volk liegt. Diese Macht kann den Menschen nicht geraubt werden, *es sei denn, durch ihre eigene Nachlässigkeit, wenn sie keinen Gebrauch von ihr machen!*

Amerikas politische Macht drückt sich durch die Regierung aus. Die wirtschaftliche Macht zeigt sich und wird erhalten durch das System der freien Marktwirtschaft. *Diese vereinte Macht steht immer im exakten Verhältnis zum Ausmaß der Harmonie, in dem sie miteinander verbunden sind.* Die Macht, die dadurch entsteht, *gehört dem gesamten Volk!* Diese Macht ermöglichte dem amerikanischen Volk den höchsten Lebensstandard, den eine Zivilisation bisher hervorgebracht hat, und machte das Land zur reichsten und freiesten Nation der Welt. Die Zukunft der gesamten Menschheit könnte durch das amerikanische Mastermind bestimmt worden sein.

Weitere Beispiele für die Kraft, die durch die Anwendung des Mastermind-Prinzips entsteht, finden wir im Sport (etwa in einen Footballteam; hier vereint sich Stärke durch harmonisch vereinte Bemühungen) oder im erfolgreichen wirtschaftliche System der Ladenketten (die einzelnen Geschäfte koordinieren ihre Aktivitäten zu einem größeren gemeinschaftlichen Erfolg). Jedes erfolgreiche Industrieunternehmen ist das Ergebnis des angewandten Mastermind-Prinzips. Das gesamte System der freien Marktwirtschaft illustriert auf wunderbare Weise die wirtschaftliche Stärke, die durch die harmonischen Anstrengungen aller Beteiligten entsteht.

Andrew Carnegie gab ganz offen zu, dass er sein gesamtes Vermögen allein durch die Anwendung dieses Prinzips erlangte, indem er einen der größten Industrieverbände der Welt schuf. Wir sollten dabei auch nicht vergessen, dass sein Mastermind aus dem Zusammenschluss all seiner Angestellten, von den unteren Schichten bis in die obersten Etagen, bestand.

Das Mastermind-Prinzip ist aber nicht allein das Privileg der Reichen und Mächtigen, sondern die wichtigste Methode für alle Menschen, ihre persönlichen Ziele zu erreichen. Selbst der Bescheidenste unter Ihnen kann von diesem Prinzip profitieren, indem er mit einer Person seiner Wahl eine harmonische Verbindung eingeht. Die tiefgreifendste und vielleicht gewinnträchtigste Verbindung, die wir im Rahmen dieses Prinzips eingehen können, ist die Mastermind-Verbindung zwischen zwei Menschen – sofern sie aus Liebe geschlossen wurde! Diese Form der Verbindung vereint nicht nur ihren Verstand, durch sie verschmelzen auch die spirituellen Eigenschaften ihrer Seelen.

Drehen wir die Zeit nun zurück bis in die letzten Jahre des 19. Jahrhunderts und wenden wir uns einer Familie zu, deren Mastermind-Beziehung in der Gründung eines großen industriellen Imperiums gipfelte, das Millionen von Männern und Frauen eine einträgliche Arbeitsstelle sicherte.

Die Szene beginnt in der Küche ihres bescheidenen Heimes: Der Mann hat ein ziemlich grobes Modell eines Benzinmotors gebaut. Seine Frau füllt nun mithilfe einer Pipette Benzin in den Motor, einen Tropfen nach dem anderen. Der Mann hantiert mit den Zündkerzen herum und hofft, so das Benzin zu entflammen. Nach Woche um Woche voller unermüdlicher Versuche – unermüdlich, weil sie durch Liebe gestützt wurden – entzündet sich das Benzin. Das Schwungrad des einfachen Motors beginnt sich zu drehen.

Hinter diesem Experiment steckte kein Geld. Dahinter steckte allein die eindeutige Zielsetzung zweier Menschen, die zur Verwirklichung ihres Zieles eine Mastermind-Verbindung eingegangen waren. Das Experiment versprach auch keine sofortige Aussicht auf eine finanzielle Entschädigung.

Das Modell des Motors wurde perfektioniert, und das erste funktionstüchtige, selbst angetriebene Fahrzeug, das je in Amerika gebaut wurde, wurde Wirklichkeit. Anschließend erweiterte sich die Mastermind-Verbindung, als sich den beiden fähige Mechaniker und ein paar Freunde und Bekannte anschlossen, die jeweils einen kleinen Beitrag zum Erfolg leisteten. Im Vergleich zu ihren bescheidenen Anfängen erreichte die Produktion in den nächsten Jahrzehnten fantastische Ausmaße. Das Produkt dieses Zwei-Personen-Masterminds erstreckt sich heute über die ganze Welt. Dass der Mann hinter diesem Unternehmen Henry Ford war, muss ich wohl nicht sagen.

Je weiter die Ford-Produktion wuchs, desto mehr erweiterte sich auch das Ford-Mastermind, und heute ist es zu einer riesigen Armee aus Mechanikern, Ingenieuren, Chemikern, Forschern, Finanzexperten, Verkäufern und vielen weiteren fähigen Arbeitskräften angewachsen, die für ein Unternehmen dieses Ausmaßes allesamt unerlässlich sind. Durch seine Mastermind-Verbindung erweiterte Ford seinen eigenen Geist um ein Vieltausendfaches. Ohne diese Verbindung wäre er nicht in der Lage gewesen, sein großes industrielles Imperium aufzubauen.

Ich habe Fords Umsetzung des Mastermind-Prinzips hier hervorgehoben, weil es eines der besten und bekanntesten Beispiele ist. Er bescherte beinahe allen Menschen Gewinn, deren Leben er berührte, und es ist zu bezweifeln, dass er selbst das volle Ausmaß seines Einflusses auf die amerikanische Lebensweise erkannte.

Wir wollen auch nicht vergessen, dass das erste Mitglied seiner Mastermind-Verbindung – seine Frau – in all den Jahren den wichtigsten Platz in dieser Verbindung einnahm. Ihr Einfluss auf ihn war ebenso dauerhaft wie tief greifend! Tatsächlich reichte er so weit, dass ich wohl nicht übertreibe, wenn ich sage, dass es das große Ford-Industrieimperium wohl ohne Mrs. Ford nicht gegeben hätte.

Ich möchte noch betonen, dass keine Mastermind-Beziehung auf Dauer bestehen kann, wenn sie nicht allen nutzt, die ihr angehören. Denken Sie stets genau über das Ziel einer Mastermind-Verbindung nach, bevor Sie sie eingehen; Sie werden die Kraft erkennen, die durch das Zusammenwirken menschlicher Bemühungen entsteht. Wenn Sie dauerhaften Erfolg anstreben, sollten Sie die Verbindung so gestalten, dass sie am Ende allen nützt, die ein Teil von ihr sind.

Macht kann gefährlich sein, aber sie kann auch dazu dienen, die Taten der Menschen zu adeln. Das Mastermind-Prinzip ebnet den Weg zu großer Macht; wie jede Art von Macht kann sie sich positiv oder negativ auswirken, je nachdem, wie diejenigen, die über sie verfügen, sie einsetzen. Dies ist nicht nur eine Binsenweisheit; die lange Geschichte menschlicher Taten zeugt davon, dass sie wahr ist. Jeder große Philosoph – von Plato, Aristoteles und Sokrates bis zu William James und Ralph Waldo Emerson – erkannte sie an und beachtete sie.

Elektrizität kann uns eine Menge Arbeit abnehmen, sofern wir ihre besonderen Eigenschaften richtig einsetzen, aber sie kann auch unser Leben beenden, wenn wir sie falsch nutzen. Alles Gute, das unsere Vorstellungskraft erdenkt, kann auch zu destruktiven Zwecken eingesetzt werden. Wir brauchen Essen, um am Leben zu bleiben, und es tut uns gut, wenn wir sinnvoll damit umgehen. Wenn wir hingegen falsch mit unserem Essen umgehen und etwa zu viel essen, kann es uns ebenso sehr schaden wie das stärkste Gift.

Sie kennen nun die größte Quelle persönlicher Macht, die den Menschen bekannt ist: das Mastermind. Die Verantwortung, sie richtig zu nutzen, liegt allein bei Ihnen.

Haben Sie keine Angst, sich hohe Ziele zu setzen. Denken Sie immer daran, dass Sie in einer Welt voller Möglichkeiten leben.

Kein Mensch muss sich mit einem Leben in Armut abfinden! Erfolgreiche Menschen wissen, dass es eine Kraft gibt, durch die wir das Leben dazu bewegen können, zu unseren Gunsten zu arbeiten. Sie wissen, dass diese Kraft allen zur Verfügung steht, die in den Besitz des Schlüssels zum Reichtum gelangen. Sie kennen diese Kraft und ihre unbegrenzte Reichweite unter einem bestimmten Namen; dem schönsten Wort überhaupt! Dieses Wort kennen wir alle. Die Geheimnisse seiner Kraft verstehen aber nur die wenigsten.

7
Andrew Carnegies Analyse des Mastermind-Prinzips

Als Andrew Carnegie mich damit beauftragte, die Philosophie des persönlichen Erfolges auszuarbeiten, bat ich ihn, das Mastermind-Prinzip zu erläutern, damit es auch von anderen übernommen und angewandt werden konnte, die ihre wichtigsten Ziele erreichen wollten.

Ich fragte: »Mr. Carnegie, würden Sie mir das Mastermind-Prinzip bitte so erklären, dass es auch all die Männer und Frauen anwenden können, die noch nach ihrem Platz im Leben suchen? Und würden Sie freundlicherweise auch die verschiedenen Anwendungsformen des Prinzips beschreiben, die allen Menschen zur Verfügung stehen, damit sie jeden Tag das Beste aus den Gelegenheiten machen können, die sich ihnen bieten?«

Carnegie antworte: »Die Privilegien, über die das amerikanische Volk verfügt, bergen eine große Quelle der Kraft in sich. Aber solche Privilegien sprießen nicht einfach wie Pilze aus dem Boden. Man muss sie sich aus eigener Kraft schaffen und erhalten. Die Schöpfer unserer amerikanischen Verfassung haben mit Voraussicht und Weisheit das Fundament für unsere politische und persönliche Freiheit, unsere Unabhängigkeit und unseren Reichtum gelegt. Aber sie haben eben nur das Fundament gelegt. Die Verantwortung, auf diesem Fundament auch aufzubauen und es gut zu nutzen, muss jeder Mensch selbst übernehmen, der an dieser Freiheit und diesem Wohlstand teilhaben möchte.

Ich werde nun einige Beispiele für die Anwendung des Mastermind-Prinzips erläutern, um zu zeigen, wie es in verschiedenen zwischenmenschlichen Beziehungen eingesetzt werden kann, um wichtige Ziele zu erreichen. Zunächst möchte ich jedoch noch darauf hinweisen, dass die Verwirklichung eines wichtigen Zieles nur durch eine Reihe einzelner Schritte erfolgen kann. Jeder Gedanke, den wir formen, jede Handlung, die wir vollziehen, jeder Plan, den wir fassen und jeder Fehler, den wir begehen, hat entscheidenden Einfluss auf die Verwirklichung unseres gewählten Zieles.

Allein die Wahl eines wichtigen Zieles, selbst wenn es ganz klar und fest in unseren Gedanken verankert ist, garantiert noch nicht, dass wir es auch erreichen. Wir müssen dieses Ziel durch stete Anstrengungen stärken und kontinuierlich darauf hinarbeiten, *und dabei spielen unsere Beziehungen zu anderen die wichtigste Rolle.* Sobald wir diese Wahrheit verinnerlichen, verstehen wir auch, wie entscheidend es ist, unseren Freundes- und Bekanntenkreis überlegt auszuwählen – besonders bei Personen, zu denen wir in unserem beruflichen Umfeld in engem Kontakt stehen.

Hier also nun einige Beispiele jener Art von zwischenmenschlichen Beziehungen, die jeder, der ein eindeutiges Ziel verfolgt, eingehen, pflegen und nutzen muss, um der Verwirklichung dieses Zieles näher zu kommen.

Beruf und Arbeitsumfeld

Abgesehen von der ehelichen Beziehung, die die wichtigste aller Mastermind-Verbindungen ist, gibt es keine entscheidenderen als die, die man mit Personen pflegt, mit denen man zusammenarbeitet.

Jeder Mensch neigt dazu, die Angewohnheiten, die politischen und gesellschaftlichen Ansichten und viele andere Einstellungen seiner eher extrovertiert veranlangten Kollegen zu übernehmen, wenn er tagtäglich mit ihnen zusammenarbeitet. Die große Tragödie dieser Neigung liegt darin, dass der Lauteste nicht immer auch der tiefgründigste Denker ist. Oft handelt es sich um Menschen, die einen bestimmten Groll hegen und denen es Behagen bereitet, ihre Mitmenschen damit zu behelligen. Solche Personen haben oft aber selbst kein klares Lebensziel und verbringen einen Großteil ihrer Zeit damit, andere von ihren Absichten abzubringen.

Menschen mit einen festem Charakter, die genau wissen, was sie wollen, sind hingegen in der Regel klug genug, ihre Meinung für sich zu behalten. Sie verschwenden nur selten ihre Zeit mit dem Versuch, andere zu entmutigen. Sie sind so sehr damit beschäftigt, ihre eigenen Ziele zu verfolgen, dass sie keine Zeit mit irgendetwas verschwenden wollen, das sie davon abbringen könnte.

Sobald man also erkennt, das sich in fast jeder Kollegengruppe eine Person befindet, deren Einfluss und Mitarbeit einem von Nutzen sein kann, kann jeder, der über genügend Scharfsinn verfügt und ein klares persönliches Ziel verfolgt, seine Weisheit unter Beweis stellen, indem er sich mit diesen Personen anfreundet. Er muss allerdings selbst bereit sein, auch den anderen helfen zu wollen, denn eine solche Verbindung sollte beiden Seiten einen Gewinn bringen. Alle anderen Kollegen wird er taktvoll meiden.

Selbstverständlich wird er dabei die engste Bindung mit jenen suchen, die über eine starke Persönlichkeit sowie über Eigenschaften und Kenntnisse verfügen, die einmal hilfreich für ihn sein können – solche Personen arbeiten meist schon in einer höheren Stellung. Unterdessen wird er die Worte Abraham Lincolns im Gedächtnis behalten, der sagte: »Ich werde lernen und mich vorbereiten, und eines Tages wird auch meine Chance kommen.«

Menschen mit einem konstruktiven Ziel werden ihre Vorgesetzten nie beneiden, sondern sie werden deren Vorgehensweise beobachten und versuchen, von deren Wissen zu lernen. Sie dürfen es als zuverlässige Voraussage ansehen, dass jeder, der seine Zeit damit verbringt, Fehler bei seinen Vorgesetzten zu suchen, selbst niemals eine erfolgreiche Führungspersönlichkeit werden wird.

Wer es nicht schafft, seinem Vorgesetzten in harmonischer Weise nachzueifern, wird aus seiner Zusammenarbeit mit dieser Person niemals nennenswerten Nutzen ziehen können.

In meinem eigenen Unternehmen sind bisher nicht weniger als hundert Menschen von ganz unten aufgestiegen und verfügen heute über sehr großen finanziellen Reichtum. Sie wurden sicherlich nicht aufgrund einer negativen Einstellung befördert, sondern weil sie aus den Erfahrungen aller, mit denen sie in Beziehung standen, lernten und praktischen Nutzen zogen. Menschen mit einem eindeutigen Ziel sollten jede Person, mit der sie bei ihrer täglichen Arbeit in Kontakt kommen, genau unter die Lupe nehmen und jeden dieser Menschen als mögliche Quelle wertvollen Wissens betrachten, die sie für ihr eigenes Vorankommen nutzen können.

Die Menschen sind gerne bereit, ihre Erfahrungen und ihr Wissen mit anderen zu teilen und mit ihnen zusammenzuarbeiten, wenn man ihnen ein ausreichendes Motiv gibt. Wer eine freundschaftliche, kooperative Beziehung zu seinen Kollegen aufbaut und ihnen mit einer positiven geistigen Einstellung begegnet, hat bessere Chancen, von ihnen zu lernen, als Kollegen, die streitlustig, reizbar, unhöflich und nachlässig sind. Man sollte die kleinen Höflichkeiten, die zwischen allen kultivierten Menschen bestehen, nicht missachten.

Wer von Menschen lernen möchte, die in einigen Bereichen mehr wissen als man selbst, ist auf die Zusammenarbeit mit ihnen angewiesen und sollte stets an das alte Sprichwort denken: ›Man fängt mehr Fliegen mit Honig als mit Salz.‹

Bildung

Niemand lernt je aus. Jeder, der ein Ziel von nennenswerter Bedeutung erreichen möchte, muss sein Leben lang Schüler bleiben. Er muss Wissen aus den unterschiedlichsten Quellen schöpfen, besonders natürlich aus denen, die ihm Fachkenntnisse und Erfahrungen im Zusammenhang mit seinem Hauptziel vermitteln.

Öffentliche Bibliotheken bieten eine breite Palette organisierten Wissens zu jedem Thema. In ihnen befindet sich das gesammelte Wissen der Menschheit – in allen Sprachen und auf allen Gebieten. Erfolgreiche Menschen mit einem klaren Ziel müssen es sich zur Aufgabe und zur Verantwortung machen, Bücher zu lesen, die mit diesem Ziel in Zusammenhang stehen. So eignet er sich wertvolles Wissen an, das aus den Erfahrungen anderer stammt, die bereits vor ihnen denselben Weg beschritten haben. Die Lektüreplanung sollte ebenso sorgfältig ausgearbeitet werden wie ein Ernährungsplan, denn ohne sie können wir geistig nicht wachsen. Wer seine freie Zeit nur mit einfachster Unterhaltungslektüre verbringt, der wird niemals Großes vollbringen. Dasselbe gilt für alle, die in ihrem Alltag keine Zeit für Lektüre einräumen, die ihr Wissen erweitert. Wahllose Lektüre mag Spaß machen, aber sie ist in beruflicher Hinsicht nur selten hilfreich.

Lesen ist jedoch nicht die einzige Bildungsquelle. Indem wir sorgfältig auswählen, mit wem wir an unserem Arbeitsplatz täglich engeren Umgang pflegen, kommen wir mit Menschen in Kontakt, von denen wir im Verlauf gewöhnlicher Unterhaltungen sehr viel lernen. Berufsverbände und Vereine bieten gute Gelegenheiten zur weiteren Bildung, natürlich nur, sofern sie für unsere Ziele infrage kommen. Durch solche Vereinigungen sind schon viele Menschen auf dem Weg zur Verwirklichung ihrer Ziele ein gutes Stück vorangekommen.

Niemand kann erfolgreich durchs Leben gehen, ohne Freundschaften zu pflegen. Das Wort ›Beziehungen‹, wie es üblicherweise im Zusammenhang mit persönlichen Bekanntschaften benutzt wird, ist ein wichtiger Begriff. Wer es sich zur Aufgabe macht, seine Liste persönlicher Beziehungen ständig zu erweitern, wird irgendwann erkennen, dass sie ihm oft von Nutzen sein können: Plötzlich kann ein Bekannter ihm beim Erreichen seiner Ziele helfen.

Jeder Mensch braucht Freunde und Partner, mit denen er angeregt reden kann und mit denen er sich versteht, frei von jeglichem Gedanken an materiellen Gewinn. Wer sich in seinen Panzer zurückzieht, wird ein Sonderling und entwickelt selbstsüchtige, engstirnige Ansichten über das Leben.

Politik

Es ist sowohl die Pflicht als auch das Privileg jedes freien Bürgers, sich für Politik zu interessieren und von seinem Recht Gebrauch zu machen, geeignete Frauen und Männer durch seine Stimme in öffentliche Ämter zu wählen.

Die Frage, welche politische Partei wir unterstützen, ist von geringerer Bedeutung als die Frage, ob wir vom Wahlrecht Gebrauch machen. Wenn unehrliches Verhalten die Politik verschmutzt, so ist das allein die Schuld jener Menschen, in deren Macht es steht, unehrliche, unwürdige und unfähige Personen aus öffentlichen Ämtern fernzuhalten.

Abgesehen von diesem Wahlprivileg und der Verpflichtung, die damit einhergeht, sollten wir auch die Vorteile nicht vergessen, die uns ein aktives Interesse an der Politik bringt. Es verschafft uns ›Beziehungen‹. In vielen Geschäftsbereichen kann politischer Einfluss ein wesentlicher Faktor bei der Durchsetzung der eigenen Interessen sein. Gerade Geschäftsleute sollten die Chance nicht außer Acht lassen, ihre Interessen durch aktive politische Verbindungen voranzubringen.

Aufmerksame Menschen, die erkannt haben, wie hilfreich es sein kann, wenn sie ihre Fühler in alle Richtungen nach freundlichen Verbündeten ausstrecken, die ihnen dabei helfen können, ihre wichtigsten Lebensziele zu verwirklichen, machen gewiss auch von ihren politischen Rechten in vollem Umfang Gebrauch.

Aber der wichtigste Grund, weshalb jeder freie Mensch ein aktives politisches Interesse zeigen sollte, ist die Tatsache, dass die Politik zu einem Übel wird, die im schlimmsten Fall ein ganzes Land zerstört, wenn die Bürger ihr Wahlrecht nicht nutzen. Die wichtigste Freiheit beinhaltet, dass wir die Regierungsform, um eben diese Freiheit zu schützen, durch unsere Stimme erhalten.

Alles, was zu besitzen sich lohnt, hat einen Preis. Sie wollen persönliche Freiheit und Unabhängigkeit? Sehr schön, dann können Sie Ihr Recht darauf schützen, indem Sie ehrliche Männer und Frauen in öffentliche Ämter wählen. Es ist keine Übertreibung, wenn ich sage, dass dies wohl die wichtigste Mastermind-Verbindung ist, die wir als freie Menschen eingehen können. Ihre Vorfahren haben Ihre persönliche Freiheit und Unabhängigkeit durch ihre Stimme gesichert. *Sie sollten dasselbe für Ihre Nachkommen und alle folgenden Generationen tun!*

Soziales Engagement

Freundschaftliche, gesellschaftliche Beziehungen sind ein fruchtbares, schier unendliches Feld für die Pflege von ›Beziehungen‹. Besonders Paare können großen Nutzen daraus ziehen. Mir fällt sofort ein Anwalt ein, dessen Frau ihm half, eine der lukrativsten Kanzleien im mittleren Westen der USA aufzubauen. Sie hatte viele soziale Kontakte, darunter auch einige zu den Frauen erfolgreicher Geschäftsmänner. Sie lud die Paare oft zu sich nach Hause ein. Auf diese Weise gewann ihr Ehemann etliche Klienten.

Die Möglichkeiten sind in dieser Hinsicht schier endlos. Freundschaftliche Verbindungen mit Personen aus ganz unterschiedlichen Bereichen der Gesellschaft haben den Vorteil, bei Diskussionen in ›trauter Runde‹ das unterschiedlichste Wissen erlangen zu können. Dieses Wissen kann jeder Mensch zum Erreichen seiner Ziele nutzen. Wer einen großen und breiten Bekanntenkreis hat, kann so bei einer Vielzahl von Themen auf wertvolle Informationsquellen zugreifen. Dies führt zu einem regen intellektuellen Austausch, der die Flexibilität und Vielseitigkeit mit sich bringt, die für viele Vorhaben sehr wichtig sind. Wenn mehrere Personen über irgendein beliebiges Thema sprechen, bereichert diese Form des spontanen Gedankenaustauschs alle, die daran teilnehmen. Jeder von uns sollte seine eigenen

Vorstellungen und Pläne durch neues *Gedankenfutter* stärken, das wir nur in offenen, ernsthaften Diskussionen mit anderen Menschen finden, deren Erfahrungen und Bildung sich von unseren eigenen unterscheiden.

Jeder der Erfolg hat und sich weiter oben halten möchte, muss seinen Wissensschatz kontinuierlich erfrischen: durch persönliche Kontakte und Lektüre, um so die Gedanken und Ideen anderer aufzunehmen. Wer möchte, dass sein Verstand scharf, wach, aufmerksam und flexibel bleibt, muss ihn kontinuierlich aus dem Wissensspeicher anderer Menschen füttern. Tut er das nicht, verkümmert er, ebenso wie etwa ein Arm verkümmert, der nicht mehr benutzt wird. Dies ist ein Gesetz der Natur. Sehen Sie sich den Plan der Natur an, und Sie werden erkennen, dass der Körper wie der Geist von jedem Lebewesen – vom kleinsten Insekt bis zum Menschen – nur durch stete Beanspruchung wächst und gesund bleibt. Diskussionen mit Bekannten erweitern nicht nur den Speicher des nützlichen Wissens, durch sie stärken auch alle Beteiligten ihre geistigen Kräfte.

Wer an dem Tag, an dem seine schulische Ausbildung abgeschlossen ist, aufhört zu lernen, wird niemals ein wirklich gebildeter Mensch werden, ganz gleich, wie viel Wissen er sich bis dahin auch immer angeeignet haben mag. Das Leben selbst ist eine großartige Schule, in der alles, was uns zum Nachdenken anregt, zu unserem Lehrer wird. Kluge Menschen wissen das und deshalb stärken sie ihren eigenen Verstand unermüdlich durch den Gedankenaustausch mit anderen.

Wir sehen also, dass das Mastermind-Prinzip eine endlose Bandbreite von Anwendungsmöglichkeiten bietet. Es hilft jedem Einzelnen, die Kraft seines Geistes durch das Wissen, die Erfahrungen und die Geisteshaltung anderer Menschen zu ergänzen.

Jemand hat diesen Gedanken einmal besonders treffend formuliert: *Wenn ich Ihnen einen Dollar für jeden gebe, den Sie mir schenken, dann hat keiner von uns mehr als zuvor. Verrate ich Ihnen aber einen Gedanken für jeden Ihrer Gedanken, erhält jeder von uns für seine investierte Zeit einen Gewinn von einhundert Prozent.*

Keine andere menschliche Beziehung ist gewinnbringender als ein sinnvoller Gedankenaustausch. Auch wenn es vielleicht eine Überraschung sein mag, entspricht es doch der Wahrheit, dass wir sogar aus den Gedanken der einfachsten Menschen noch Ideen gewinnen, die von größter Bedeutung für uns sein können.

Ich möchte Ihnen anhand der Geschichte eines Priesters, der durch die Gedanken des Hausmeisters seiner Kirche auf eine Idee kam, die ihn zur Verwirklichung seines wichtigsten Lebenszieles führte, verdeutlichen, was ich meine.

Der Name des Priesters war Russell Conwell. Sein höchstes Ziel war die Gründung einer Schule. Er hegte diesen Wunsch schon seit langer Zeit. Alles, was er brauchte, war das nötige Kleingeld: eine nettes Sümmchen von über einer Million Dollar.

Eines Tages plauderte Conwell mit dem Hausmeister, der eifrig damit beschäftigt war, den Rasen rund um die Kirche zu mähen. Der Mann war ein ehemaliger Sklave und verfügte über einen regen philosophischen Geist. Während sie über dies und das plauderten, bemerkte der Reverend beiläufig, das Gras, das an den Kirchhof angrenze, sei viel grüner und besser gepflegt als ihr eigener Rasen. Diese Bemerkung war durchaus als kleiner Tadel für den alten Hausmeister gemeint.

Mit einem breiten Grinsen im Gesicht erwiderte der alte Mann: ›Ja, Sir, das Gras dort sieht wirklich grüner aus, aber das liegt nur daran, dass wir alle schon so an das Gras auf dieser Seite des Zaunes gewöhnt sind.‹

Diese Antwort war nun wirklich nicht sonderlich geistreich und sie sollte wohl nur eine Ausrede für die Faulheit des alten Mannes sein. Dennoch, sie legte in den fruchtbaren Geist von Russell Conwell die Saat einer Idee – ein nacktes, winziges Gedanken-Pflänzchen – die zur Lösung seines großen Problems führte.

Aus der bescheidenen Bemerkung des alten Hausmeisters erwuchs nämlich die Idee für einen Vortrag, den der Priester verfasste und den er anschließend mehr als viertausendmal hielt. Er gab ihm den Titel *Diamantenfelder.* Die Kernidee des Vortrags war folgende: Wir müssen unsere Chancen nicht in der Ferne suchen, wir können sie auch hier finden, nahe um uns herum. Wir müssen nur die Tatsache anerkennen, dass das Gras auf der anderen Seite des Zaunes auch nicht grüner ist als das auf dem man steht.

Dieser Vortrag brachte Russell Conwell im Laufe seines Lebens über sechs Millionen Dollar ein. Der Text wurde als Buch veröffentlicht und schnell zum landesweiten Bestseller der bis zum heutigen Tag erhältlich ist. Die Honorare verwendete Conwell, um die Temple University in Philadelphia zu gründen und aufzubauen, die eine der besten Bildungseinrichtungen in Amerika wurde.

Der Gedanke, aus dem dieser Vortrag entstand, führte aber nicht nur zur Gründung einer Universität. Er bereicherte den Geist von Millionen Menschen, indem er sie dazu brachte, ihre Chance im Leben im Hier und Jetzt zu suchen und nicht länger zu zögern. Diese Lebensweisheit ist heute noch genauso gültig wie damals, als sie den Gedanken eines alten einfachen Mannes entsprang.

Denken Sie immer daran: Jeder aktive Verstand ist eine potenzielle Inspirationsquelle, aus der wir Ideen oder auch nur den winzigen Keim einer Idee schöpfen können, die von unschätzbarem Wert für die Lösung persönlicher Probleme oder die Verwirklichung unserer wichtigsten Ziele sein kann. Manchmal entspringen auch eher bescheideneren Menschen große Ideen, aber für gewöhnlich entstammen sie jenen, die uns am nächsten stehen und mit denen wir eine Mastermind-Verbindung eingehen und aufrechterhalten.

Die gewinnbringendste Idee meines eigenen Lebens kam mir eines Nachmittags, als ich mit Charlie Schwab auf einen Golfplatz spielte. Nachdem wir unsere Schläge am dreizehnten Loch absolviert hatten, blickte Charlie mit einem verlegenen Lächeln auf und sagte: ›Ich liege bei diesem Loch jetzt drei Schläge vor Ihnen, Chef. Aber mir kommt eben ein Gedanke, der Ihnen jede Menge freie Zeit zum Golftraining einbringen sollte.‹

Neugierig fragte ich ihn, was dies für ein Gedanke sei. Er teilte ihn mir in einem einzigen kurzen Satz mit, in dem jedes einzelne Wort, grob geschätzt, eine Million Dollar wert war: ›Vereinen Sie all Ihre Stahlfabriken zu einer einzigen großen Aktiengesellschaft und verkaufen Sie sie an die Banker der Wall Street.‹

Für den Rest des Spiels sprachen wir nicht mehr über die Angelegenheit, aber an jenem Abend begann ich, in Gedanken mit dieser Idee zu spielen und ausführlich darüber nachzudenken. Bevor ich zu Bett ging, hatte sich der kleine Samen dieser Idee in ein festes Ziel verwandelt. In der folgenden Woche schickte ich Charlie Schwab nach New York City, wo er eine Rede vor einer Gruppe von Wall-Street-Bankern halten sollte. Unter diesen Bankiers befand sich auch J. Pierpont Morgan.

In der Rede ging es hauptsächlich um mein Vorhaben, die United States Steel Corporation zu gründen, in der ich all meine Stahlfabriken vereinen und mich anschließend aus dem aktiven Geschäft zurückziehen wollte – mit mehr Geld, als irgendjemand je ausgeben könnte.

Ich will einen Punkt hier besonders hervorheben: Charlie Schwabs Idee wäre vielleicht nie entstanden und ich hätte nie einen Gewinn daraus ziehen können, wenn ich es mir nicht zur Aufgabe gemacht hätte, meine Mitarbeiter zu ermutigen, eigene Ideen zu entwickeln. Diese Ermutigung bestand in einer engen, dauerhaften Mastermind-Verbindung mit den Angestellten meines Unternehmens, darunter auch Charlie Schwab.

Verbindungen, das möchte ich hier noch einmal betonen, ist ein wichtiger Begriff!

Und er wird umso wichtiger, wenn wir ihm auch noch den Begriff *Harmonie* zur Seite stellen! Durch harmonische Verbindungen mit dem Geist anderer Menschen kann jeder Einzelne sein volles Ideenpotenzial ausschöpfen. Wer diese bedeutende Tatsache übersieht, verdammt sich selbst zu einem Leben ewiger Knappheit und Entbehrung.

Kein Mensch allein ist klug genug, um seinen Einfluss ohne die freundschaftliche Kooperation anderer bis weit hinaus in die Welt geltend zu machen. Verinnerlichen Sie diesen Gedanken, so gut Sie können, denn er allein reicht aus, um die Tür zu ganz großem persönlichen Erfolg aufzustoßen.

Zu viele Menschen suchen in der Ferne nach Erfolg, weit weg von dem Ort, an dem sie sich befinden. Allzu oft suchen sie ihn auch mithilfe komplizierter Pläne, die auf dem Glauben an das große Glück oder *Wunder* basieren, von denen sie hoffen, sie würden auch ihnen zuteil werden. Wie Russell Conwell so eindrücklich in seinem Vortrag sagte, denken einige Menschen, das Gras auf der anderen Seite des Zaunes sei grüner. Sie lassen sich die *Diamantenfelder* entgehen, die sich in Form von Ideen und Gelegenheiten vor ihnen erstrecken und aus den Gedanken der Menschen erwachsen können, mit denen sie täglich in Kontakt stehen.

Ich habe meine *Diamantenfelder* genau dort gefunden, wo ich mich befand, während ich in die glühende Öffnung eines heißen Stahlhochofens blickte. Ich erinnere mich noch gut an den Tag, an dem ich begann, mir selbst die Idee schmackhaft zu machen, zu einem der größten Stahlindustriellen zu werden, anstatt ein kleiner Hilfsarbeiter auf dem Diamantenfeld eines anderen zu bleiben.

Anfangs hatte die Idee noch keine eindeutige Form. Sie war eher ein Sehnen als ein klares Ziel. Aber ich habe sie immer wieder in meine Gedanken zurückgeholt und sie so eingeladen, mich ganz auszufüllen, bis sie eines Tages so sehr von mir Besitz ergriff, dass sie mich antrieb und nicht ich sie. An diesem Tag begann ich ernsthaft, an meinen eigenen *Diamantenfeldern* zu arbeiten, und ich stellte schon bald überrascht fest, wie schnell ein klares Ziel Mittel und Wege findet, sich in etwas Greifbares zu verwandeln.

Das Allerwichtigste ist, zu wissen, was man will.

Das Zweitwichtigste ist, an genau der Stelle nach seinem Glück zu graben, an der man sich befindet. Man sollte dabei sämtliche Werkzeuge verwenden, die einem zur Verfügung stehen, auch wenn es sich dabei nur um Gedankenwerkzeuge handelt. Je mehr wir von diesen Werkzeugen Gebrauch machen, desto mehr zusätzliche und bessere Werkzeuge werden uns in die Hände fallen, sobald wir dafür bereit sind. Wer das Mastermind-Prinzip versteht und sich zunutze macht, wird die nötigen Werkzeuge viel schneller finden als andere, die noch nie von diesem Prinzip gehört haben.

Jeder Mensch braucht den freundschaftlichen Kontakt zu anderen, um zu wachsen und sich zu erweitern. Ein urteilsfähiger Mensch, der ein eindeutiges Ziel verfolgt, wählt die Menschen, mit denen er den intimsten Umgang pflegt, mit größter Sorgfalt aus, da er weiß, dass er einen gewissen Teil der Persönlichkeit jedes Menschen übernehmen wird, mit dem er in engem Kontakt steht.

Ich würde nicht viel auf einen Menschen geben, der es sich nicht zur Aufgabe macht, die Nähe von Personen zu suchen, die mehr wissen als er selbst. Jeder Mensch steigt zu den Menschen auf, die ihm überlegen sind oder fällt zu jenen hinab, die ihm unterlegen sind – je nachdem, wem er durch die Wahl seiner Kontakte nachzueifern versucht.

Schließlich gibt es noch eine letzte Tatsache, die jeder, der angestellt ist, erkennen und respektieren sollte: Jede Arbeitsstelle ist eine Ausbildungsstation auf dem Weg zu einem höheren Platz im Leben und sollte stets als solche betrachtet werden. Wir werden auf zweierlei Arten für unsere Arbeit bezahlt – einerseits direkt durch unseren Lohn, andererseits indirekt durch die Erfahrungen, die wir dank dieser Arbeit sammeln können. Es entspricht nicht selten der Wahrheit, dass der größte Lohn für einen Menschen nicht in seinem Gehaltsscheck, sondern in den Erfahrungen besteht, die er während seiner Arbeit sammelt!

Dieser zusätzliche Lohn, den wir durch unsere Erfahrungen erhalten, hängt größtenteils von der inneren Einstellung ab, mit der wir unseren Kollegen begegnen, egal, ob sie über uns oder unter uns arbeiten. Wenn wir über eine positive, kooperative Einstellung verfügen und die Angewohnheit, stets mehr zu leisten als verlangt wird, an den Tag legen, werden wir uns gewiss schnell hocharbeiten.

Daran erkennen wir, dass Menschen, die im Leben vorankommen wollen, nicht nur das Mastermind-Prinzip in der Praxis einsetzen, sondern auch die Angewohnheit, stets mehr zu leisten als verlangt wird, und das Prinzip der eindeutigen Zielsetzung anwenden müssen. Diese drei Prinzipien sind untrennbar mit erfolgreichen Menschen aus allen Bereichen der Gesellschaft verbunden.

Die Ehe

Dies ist mit Abstand die wichtigste Verbindung, die wir im Laufe unseres Lebens erfahren können. Diese Beziehung beruht auf geistigen, seelischen, körperlichen und finanziellen Faktoren, und nur ein Zusammenspiel aller dieser Faktoren macht den Zusammenhalt einer Ehe aus.

Unser Zuhause ist der Ort, an dem die meisten Mastermind-Verbindungen beginnen sollten. Wer seinen Ehepartner weise wählt, wird ihn, wenn er auch in wirtschaftlichen Dingen weise ist, zum ersten Mitglied seiner persönlichen Mastermind-Gruppe machen. Zu dieser häuslichen Verbindung sollten aber nicht nur Mann und Frau gehören, sie sollte auch andere Personen einschließen, die im Haushalt leben – also auch die Kinder.

Durch das Mastermind-Prinzip werden die geistigen Kräfte aller geweckt, die sich für einen bestimmten Zweck zusammenschließen, und auch wenn sie uns vielleicht ungreifbar erscheinen mag, so ist die geistige Kraft doch die größte aller Kräfte.

Ein verheirateter Mann, der eine gute Beziehung mit seiner Frau führt – eine Beziehung, in der vollkommene Harmonie, Verständnis, Mitgefühl und ein eindeutiges Ziel für beide wichtig sind – erfährt durch diese Verbindung einen unschätzbaren Gewinn, der ihn zu großen persönlichen Erfolgen führen kann.

Uneinigkeit zwischen den Ehepartnern ist unverzeihlich, ganz gleich, welche Ursache sie haben mag. Sie ist unverzeihlich, weil sie die Erfolgschancen der Menschen zerstören kann, selbst wenn sie ansonsten alle Eigenschaften besitzen, die für einen Erfolg nötig sind.

Darf ich hier noch einen Ratschlag anfügen, der den Ehepartnern zugute kommt? Dieser Ratschlag kann, wenn er angenommen und umgesetzt wird, zwischen einem Leben in Armut und Not und einem Leben im Überfluss entscheiden.

Sie müssen wissen: Ehepartner haben einen viel größeren Einfluss auf den Lebensgefährten als jeder andere Mensch. Allerdings besitzen sie diesen großen Einfluss nur, wenn sie eine gute Beziehung führen. Der eine hat den anderen allen anderen vorgezogen und ihn geheiratet, was bedeutet, dass er ihn liebt und ihm vertraut.

Liebe steht auf der Liste der neun grundlegenden Motive, die alle freiwilligen Handlungen unseres Lebens bestimmen, ganz oben. Wenn in der Ehe ein Gefühl der Liebe herrscht, dann wirkt sich dieses Gefühl auch auf die Arbeit aus: Eine liebevolle Ehe kann den Gedanken an Misserfolg bei der Arbeit vertreiben. Nörgeleien, Eifersucht, die Suche nach Fehlern und Gleichgültigkeit gegenüber den Sorgen des Partners sind dagegen für die Liebe nicht förderlich, sondern zerstören sie.

Kluge Ehepaare werden jeden Tag eine Mastermind-Stunde einplanen. In dieser Zeit werden alle ihre gemeinsamen Interessen ausführlich besprochen, in einer Atmosphäre der Liebe und des gegenseitigen Verständnisses.

Bei jeder gemeinsamen Mahlzeit sollte zwischen den Ehepartnern ein freundschaftlicher Gedankenaustausch stattfinden. Man sollte diese Zeit nicht mit bohrenden Fragen und der Suche nach Fehlern vergeuden, sondern sie ganz der Familie widmen und sie gemeinsam genießen. Dabei sollte man über die angenehmen Dinge des Lebens reden, für die sich beide interessieren.

Während des gemeinsamen Essens gehen mehr Ehen in die Brüche als zu jeder anderen Zeit, weil viele Familien versuchen, ihre Streitigkeiten am Esstisch auszutragen und dort auch ihre Kinder zu bestrafen.

Man sagt, Liebe geht durch den Magen. Also bietet ein gemeinsames Essen eine ausgezeichnete Gelegenheit, das Herz des Partners für jeden neuen Gedanken zu begeistern. Aber man muss sich mit Liebe und Zuneigung begegnen, sich nicht mit negativen Dingen beschäftigen. Die Liebe braucht, ähnlich einem schönen Gemälde, den Schmuck eines passenden Rahmens und ansprechender Beleuchtung. Sie muss gepflegt und genährt werden – wie jeder lebende Organismus. Zwischen zwei Menschen kann keine Liebe erwachsen, wenn einer von beiden gleichgültig oder herrschsüchtig ist oder ständig zetert und nach Fehlern des anderen sucht.

Die Liebe gedeiht am besten, wenn Mann und Frau sie durch ein klares eindeutiges Ziel am Leben erhalten. Jedem, dem diese Tatsache bewusst ist, wird allzeit der einflussreichste Mensch im Leben des Lebensgefährten bleiben. Vernachlässigt man diese Tatsache, könnte irgendwann der Zeitpunkt kommen, an dem der Partner einen *gegen ein neueres Modell eintauscht*, um in der Begriffswelt der Automobilindustrie zu bleiben.

Wenn die Ehe mit Kindern gesegnet ist, lassen sich viele Ehepartner dazu verführen, ihre gesamte Liebe und Aufmerksamkeit den Kindern zu schenken. Dieser Fehler hat schon viele Familien zerstört und er kann noch viele weitere zerstören. Achten sie darauf, nicht all ihre Liebe von dem Partner auf die Kinder zu übertragen. Echte Liebe reicht für die ganze Familie.

Natürlich wird es auch mal zu familiären Auseinandersetzungen kommen – sie entstehen in jeder Familie –, aber durch die Liebe sollten sich solche Krisen leicht überwinden lassen. Lassen Sie das Licht der Liebe hell leuchten, dann wird sich alles zum Besten fügen und Sie werden Ihrem größten Wunsch näher kommen.

Vertrauen Sie meinem Rat, da ich ihn selbst in meinen eigenen familiären Beziehungen immer befolgt habe. *Ich kann ohne Zweifel sagen, dass er für all die materiellen Erfolge verantwortlich war, die ich in meinem Leben erreicht habe.*«

(Dieses freimütige Eingeständnis Andrew Carnegies ist umso eindrucksvoller, wenn man bedenkt, dass er sich ein gewaltiges Vermögen erarbeitet hat. Carnegie mag ein riesiges Vermögen gemacht haben, aber jeder, der seine Beziehung zu seiner Frau kannte, wusste, dass Mrs. Carnegie *ihn* gemacht hat!)

Nehmen wir den Faden wieder auf, wo Carnegie ihn fallen ließ: bei den familiären Mastermind-Beziehungen. Hier scheint mir der richtige Zeitpunkt zu sein, um darauf hinzuweisen, dass seine Erfahrungen keineswegs ein Einzelfall waren.

Es war nie ein Geheimnis unter den persönlichen Freunden des Ehepaars Ford, dass die Mastermind-Beziehung zwischen Henry Ford und seiner Frau ganz entscheidend den Aufbau des großen Ford-Imperiums prägte. Man weiß zwar nur wenig über Mrs. Ford, aber es ist eine Tatsache, dass sie den größten Einfluss auf ihn ausübte.

Thomas A. Edison betonte oft, dass seine Frau seine größte Inspirationsquelle war. Beide führten täglich Mastermind-Gespräche, meist nachdem Edison mit seiner Arbeit fertig war. Nichts durfte diese Besprechungen stören. Dafür sorgte Mrs. Edison, die erkannte, welch großen Wert ihr reges Interesse an den Experimenten ihres Mannes für dessen Arbeit hatte.

Edison arbeitete oft bis spät in die Nacht, aber wenn er anschließend nach Hause kam, erwartete seine Frau ihn bereits neugierig und wollte von ihm hören, welche Erfolge und Niederlagen der vergangene Tag ihm gebracht hatte. Sie kannte jedes seiner Experimente und interessierte sich sehr dafür. Sie diente Edison als eine Art *Testperson*, durch die er seine Arbeit mit den Augen eines Außenstehenden betrachten konnte. Man sagt, sie habe oft das fehlende Glied in der Kette zur Lösung eines Problems beisteuern können. Viele glauben, dass Mrs. Edison auch für die Mastermind-Verbindung zwischen Edison, Henry Ford, Harvey Firestone und John Burroughs, dem Naturforscher, verantwortlich war. Über ihre jährlichen Treffen erfuhr man dann durch Zeitungsartikel so einiges.

Wenn bedeutende Männer das Mastermind-Prinzip als derart wertvoll ansehen, sollten dies gewiss auch alle Menschen tun, die sich bemühen, ihr Glück noch zu finden.

Die Prinzen der Liebe und der Romantik haben eine entscheidende Rolle im Leben aller großen Führungspersönlichkeiten gespielt. Die Geschichte von Robert und Elizabeth Browning zeugt in vielerlei Hinsicht davon, dass diese unsichtbaren Wesen, an deren Existenz das Paar glaubte und die es respektierte, großen Anteil an den inspirierenden literarischen Werken dieser beiden großartigen Dichter leisteten.

John Wanamaker aus Philadelphia, der *Herr des Handels*, wie er von vielen genannt wurde, sagte, er habe seinen Aufstieg aus der Armut zu Ruhm und Reichtum allein seiner Frau zu verdanken. Mastermind-Gespräche waren ein fester Bestandteil ihres Lebens, und sie widmeten ihnen täglich einen Teil ihres Abends – meist direkt vor dem Schlafengehen.

Robert G. LeTourneau sagte, er habe den Großteil seiner erstaunlichen Erfolge in der Industrie seiner Frau zu verdanken, und man hörte, sie habe ebenso viel über den Bau von Erdbewegungsmaschinen gewusst wie ihr berühmter Ehemann. Sie gehörte der Vorstandsetage an, zeigte reges Interesse am Management seines riesigen Industrieimperiums und achtete stets darauf, ihm ein angenehmes Familienleben zu bereiten.

Historiker schreiben Napoleon Bonapartes Aufstieg zum militärischen Führer dem inspirierenden Einfluss seiner ersten Frau Josephine zu. Sein Untergang begann, als er in seiner Gier nach Macht Josephine aus seinem Leben verdrängte – seine militärische Niederlage und die Verbannung auf die einsame Insel St. Helena folgten nur kurze Zeit später. Es ist wohl nicht falsch, hier hinzuzufügen, dass auch mancher moderne Wirtschafts-*Napoleon* aus denselben Gründen eine ähnliche Niederlage erleidet. Männer erhalten ihr Mastermind-Bündnis mit ihren Frauen nämlich oft nur so lange aufrecht, bis sie zum Erfolg und Reichtum kommen und »tauschen sie dann gegen ein neueres Modell ein«, wie Andrew Carnegie es ausdrückte.

Charles M. Schwabs Geschichte war eine andere. Auch er kam durch seine Mastermind-Beziehung mit Andrew Carnegie zu Ruhm und Reichtum, wobei auch ihm seine Beziehung zu seiner Frau half. Sie war lange Zeit der Ehe sehr krank. Er trennte sich jedoch nicht von ihr, sondern blieb bis zu ihrem Tod treu an ihrer Seite, weil er Loyalität als die wichtigste Voraussetzung für einen aufrichtigen Charakter ansah.

Loyalität

Wenn wir schon beim Thema Loyalität sind, sollte nicht unerwähnt bleiben, dass mangelnde Treue unter den einzelnen Mitgliedern einer geschäftlichen Mastermind-Beziehung zu den häufigsten Ursachen zählt, die zum Scheitern eines Unternehmens führen. Solange sich Geschäftspartner loyal verhalten, finden sie in der Regel auch einen Weg, Niederlagen zu überwinden und Hindernisse zu meistern.

Wie bereits erwähnt, war Loyalität die erste Charaktereigenschaft, nach der Andrew Carnegie bei jungen Leuten suchte, denen er zu einem Aufstieg aus den unteren Reihen seiner Arbeiter in hoch bezahlte Führungspositionen verhelfen wollte. Er sagte oft, dass ein Mensch, der nicht völlig loyal sei, auch in jeder anderen Hinsicht nicht das nötige Rüstzeug für einen aufrichtigen Charakter habe.

Seine Methoden, die Menschen auf ihre Loyalität zu testen, waren ebenso genial wie vielfältig. Die Prüfungen setzte er jeweils vor und nach einer Beförderung an, bis kein Zweifel mehr an der Loyalität der betreffenden Person bestand. Es ist allein seiner großen Menschenkenntnis zu verdanken, die Carnegie zweifellos besaß, dass ihm nur sehr wenige Fehlurteile unterliefen, wenn er die Loyalität seiner Angestellten testete.

Enthüllen Sie das Ziel ihrer Mastermind-Verbindung niemals Außenstehenden und stellen Sie sicher, dass auch die anderen Mitglieder der Verbindung dies nicht tun. Denn die Nichtstuer, Spötter und Neider stehen schon überall bereit und suchen nach einer Gelegenheit, die Saat der Entmutigung in den Gedanken all jener zu säen, die drohen, ihnen überlegen zu sein. Umgehen Sie diese Falle, indem Sie Ihre Pläne für sich behalten, sofern Sie sie nicht zwangsläufig durch ihre Taten oder Errungenschaften offenbaren müssen.

Sie sollten nie ein Mastermind-Gespräch mit negativen Gedanken belasten. Falls Sie der Führer Ihrer Mastermind-Gruppe sind, so denken Sie stets daran, dass Sie die Verantwortung dafür tragen, dass alle Mitglieder der Verbindung immer mit großem Interesse und mit Begeisterung zu Werke gehen. Dieser Verantwortung können Sie aber nicht gerecht werden, wenn

Sie eine negative Einstellung haben. Darüber hinaus wird niemand mit Begeisterung einem Anführer folgen, der zu Zweifeln, Unschlüssigkeit oder mangelndem Glauben neigt, wenn es um die Verwirklichung des Hauptzieles geht. Bringen Sie Ihre Verbündeten und auch sich selbst in eine Stimmung der Zuversicht und Begeisterung!

Versäumen Sie nicht, jedem Mitglied Ihrer Mastermind-Verbindung in der einen oder anderen Form eine angemessene Belohnung zukommen zu lassen, die in direktem Verhältnis zu dem Beitrag steht, den sie oder er für den Erfolg des Bündnisses leistet. Denken Sie daran, dass niemand etwas mit Begeisterung tut, wenn er nicht davon profitiert. Machen Sie sich mit den neun grundlegenden Motiven vertraut, die jedem freiwilligen menschlichen Handeln zugrunde liegt. Sorgen Sie dann dafür, dass jeder Ihrer Mastermind-Verbündeten ausreichend motiviert ist, um Ihnen seine Loyalität, seine Begeisterung und sein uneingeschränktes Vertrauen zu schenken.

Wenn das Ziel Ihres Mastermind-Bündnisses ein finanzieller Erfolg ist, stellen Sie sicher, dass Sie mehr geben als Sie selbst bekommen, indem Sie das Prinzip anwenden, stets mehr zu leisten, als man von Ihnen verlangt und erwartet. Tun Sie dies freiwillig, bevor Sie dazu aufgefordert werden, wenn Sie optimalen Nutzen aus diesem Prinzip herausholen wollen.

Lassen Sie keine Konkurrenten an Ihrer Mastermind-Verbindung teilhaben, sondern beherzigen Sie die Statuten des Rotary Clubs und umgeben Sie sich mit Menschen, die keinen Grund haben, gegeneinander zu arbeiten und nicht im Wettbewerb miteinander stehen.

Üben Sie in Ihrer Mastermind-Gruppe keine Zwänge oder Bedrohungen aus, sondern lassen Sie Diplomatie walten, die auf Verständnis und Kooperation basiert. Die Zeiten der Führung durch Angst sind vorbei. Versuchen Sie nie, sie wieder aufleben zu lassen, denn sie haben keinen Platz in einer zivilisierten Gesellschaft.

Versäumen Sie nicht, alles Notwendige zu tun, um einen Geist der Kameradschaft innerhalb Ihrer Mastermind-Gruppe zu schaffen, denn freundschaftliche Zusammenarbeit verleiht eine Kraft, die man nirgendwo sonst erreicht.

Die mächtigste Mastermind-Verbindung in der Geschichte der Menschheit wurde während des Zweiten Weltkrieges von den Vereinten Nationen eingegangen. Ihre Anführer teilten der ganzen Welt mit, ihr höchstes Ziel gründe auf der Entschlossenheit, Freiheit und Unabhängigkeit für alle Völker und alle Menschen der Welt zu schaffen – *sowohl für die Sieger als auch für die Besiegten!*

Diese Verkündigung war ebenso viel wert wie tausend Siege auf dem Schlachtfeld, denn sie schenkte den Menschen, die unter den Auswirkungen des Krieges zu leiden hatten, neues Vertrauen. Ohne Vertrauen gibt es keine Mastermind-Beziehungen, weder im militärischen Bereich noch anderswo.

Vertrauen ist die Grundlage aller harmonischen Beziehungen. Denken Sie immer daran, wenn Sie Ihre Mastermind-Verbindungen eingehen, damit diese Bestand haben und Ihren Interessen auf bestmögliche Weise dienen.

Ich habe Ihnen nun enthüllt, wie Sie auf die wichtigste Quelle persönlicher Kraft zugreifen können, die uns Menschen offen steht – das Mastermind-Prinzip.

Durch eine Verknüpfung der ersten vier Prinzipien unserer Philosophie – der Angewohnheit, freiwillig mehr zu leisten als verlangt, der eindeutigen Zielsetzung, dem Mastermind-Bündnis und jenem, das nun folgen wird – erhalten wir einen Hinweis auf das Geheimnis der Kraft, durch die wir jenen mysteriösen Schlüssel zum Reichtum des Lebens erlangen können, der das letzte Tor zum Anwesen im Tal des Glücks öffnet.

Es ist durchaus angebracht, wenn ich Ihnen nahelege, die Analysen in unserem nächsten Kapitel mit einer gewissen Erwartungshaltung zu lesen, denn es ist gut möglich, dass Sie den wichtigsten Wendepunkt Ihres bisherigen Lebens bedeuten.

Ich werde Ihnen nun enthüllen, wie Sie vorgehen müssen, um diese besagte Macht, die sämtlichen Analysen der Wissenschaft bislang trotzen konnte, in vollem Ausmaß zu verstehen. Darüber hinaus hoffe ich, Ihnen das Rezept in die Hand zu geben, durch das Sie diese Kraft annehmen und zur Verwirklichung Ihres höchsten Lebenszieles einsetzen können.

8

Angewandter Glaube

Der Glaube ist ein königlicher Gast, der nur denjenigen besucht, dessen Geist umfassend darauf vorbereitet wurde, ihn zu empfangen, und der durch *Selbstdisziplin* ausgerichtet wurde.

Wie alle von königlichem Rang beansprucht auch der Glaube das beste Zimmer, nein, die eleganteste Suite im Hause dieses Geistes. Er wird sich nicht in die Quartiere der Dienerschaft abschieben lassen, und er wird sich nicht mit Neid, Gier, Aberglaube, Hass, Rachsucht, Eitelkeit, Zweifel, Sorge oder Angst verbünden.

Wer die volle Tragkraft dieser Wahrheit erkennt, ist auf dem besten Weg, allmählich jene geheimnisvolle Kraft zu verstehen, die Wissenschaftler und Philosophen aller Jahrhunderte in Ratlosigkeit versetzt. Sie werden erkennen, wie unerlässlich es ist, Ihren Geist durch Selbstdisziplin zu stärken, damit der Glaube bei Ihnen zum Dauergast werden kann.

Ich möchte Sie an die Worte des »Weisen von Concord« erinnern, Ralph Waldo Emerson, der sagte: »In jedem Menschen steckt etwas, durch das ich von ihm lernen kann, sodass ich zu seinem Schüler werde.«

Und nun möchte ich Ihnen einen Mann vorstellen, der ein großer Wohltäter der Menschheit war. Anhand seiner Geschichte können Sie lernen, wie man vorgehen muss, um seinen Geist zum Empfang des wahren Glaubens vorzubereiten. Aber lassen wir ihn seine Geschichte selbst erzählen:

»Während der Wirtschaftsdepression, die 1929 begann, ging ich durch die harte Schule des Lebens, die uns die wichtigste Ausbildung überhaupt ermöglicht. Damals entdeckte ich, dass ich über ein verborgenes Vermögen verfügte, von dem ich bislang jedoch keinerlei Gebrauch gemacht hatte. Diese Entdeckung machte ich, als ich eines Morgens die Nachricht erhielt, meine Bank sei geschlossen worden und würde wahrscheinlich nie wieder öffnen. In jenem Moment führte ich eine Inventur meines immateriellen und bisher ungenutzten Kapitals durch.

Diese Inventur brachte einiges ans Licht. Beginnen mochte ich mit dem wichtigsten Punkt auf der Liste: mit der Kraft meines *ungenutzten Glaubens!*

Als ich tief in mein Herz blickte, entdeckte ich, dass ich trotz meiner finanziellen Verluste noch etwas besaß, nämlich einen ausgeprägten Glauben an die Unendliche Intelligenz und ein Vertrauen in meine Mitmenschen.

Dieser Entdeckung folgte eine weitere, noch wichtigere: Ich begriff, dass ich *durch den Glauben selbst das erreichen konnte, was nicht einmal mit allem Geld der Welt zu erlangen ist.*

Als ich noch genügend Geld besessen hatte, beging ich den schweren Fehler, anzunehmen, Geld sei eine stete Quelle der Macht. Nun überkam mich die überraschende Erkenntnis, dass Geld ohne einen festen Glauben leblos ist und *allein keinerlei Kraft besitzt.*

Ich erkannte, wohl zum ersten Mal in meinem Leben, die ungeheure Kraft eines unerschütterlichen Glaubens. Ich grübelte intensiv, um herauszufinden, wie viel von diesem Reichtum ich tatsächlich besaß. Das Ergebnis war ebenso überraschend wie erfreulich.

Ich begann meine Selbstanalyse auf einem Waldspaziergang. Ich wollte den Menschenmassen, dem Lärm der Stadt, den Ablenkungen der Zivilisation und den bedrückenden Ängsten der Menschen entfliehen und in aller Stille nachdenken. Oh, welche Freude liegt doch alleine in dem Wort *Stille!*

Auf meinem Weg hob ich eine Eichel vom Boden auf und legte sie auf meine Handfläche. Ich hatte sie neben den Wurzeln der mächtigen Eiche gefunden, von der sie gefallen war. Dieser Baum war nach meiner Einschätzung mit einem so hohen Alter gesegnet, dass er wohl schon eine stattliche Größe gehabt haben musste, als George Washington noch ein kleiner Junge war.

Während ich dort stand und den riesigen Baum und seinen winzigen, unausgereiften Sprössling in meiner Hand betrachtete, wurde mir klar, dass auch dieser Baum aus einer winzigen Eichel gewachsen war. Irgendeine ungreifbare Form der Intelligenz musste diese Eichel geschaffen haben, und diese Intelligenz hatte außerdem dafür gesorgt, dass die Eichel ihre Reise aus dem Boden der Erde antrat und auskeimte, damit daraus dieser Baum wachsen konnte.

Mir kam außerdem der Gedanke, dass nicht einmal die gesamte Menschheit einen solchen Baum hätte erschaffen können. Da begriff ich, dass die größten Mächte die ungreifbaren Mächte sind, die nichts mit Kontoständen oder materiellen Dingen zu tun haben.

Ich hob eine Handvoll schwarzer Erde auf und bedeckte die Eichel damit. In meiner Hand hielt ich den *sichtbaren Teil* jener Substanz, aus der dieser wunderbare Baum gewachsen war. Ich pflückte das Blatt eines Farns, der neben der mächtigen Eiche wuchs. Seine Blätter waren wunderschön entworfen – ja, entworfen – worden. Als ich den Farn genauer ansah, wurde mir bewusst, dass auch er von derselben Intelligenz geschaffen worden sein musste, die die Eiche hatte entstehen lassen.

Ich setzte meinen Spaziergang durch die Wälder fort und gelangte schließlich an einen plätschernden Bach mit klarem, sprudelndem Wasser. Etwas ermüdet setzte ich mich an den Bach, um mich auszuruhen, und lauschte der rhythmischen Melodie, zu der er in Richtung Meer tanzte.

Dies weckte Erinnerungen an meine Jugend. Ich erinnerte mich daran, wie ich an einem ganz ähnlichen Bach gespielt hatte. Während ich dort saß und der Musik des Wassers lauschte, wurde ich mir einer unsichtbaren Präsenz bewusst – einer Intelligenz – die aus dem Inneren zu mir sprach und mir die zauberhafte Geschichte des Wassers erzählte. Sie hörte sich wie folgt an:

›Wasser! Reines, sprudelndes Wasser. Du hast dich nicht verändert und warst uns zu Diensten, seit dieser Planet erkaltete und das Zuhause der Menschen, Tiere und Pflanzen wurde.

Wasser! Oh, welch eine Geschichte du doch erzählen könntest. Du hast den Durst endloser Millionen irdischer Wanderer gestillt, Blumen getränkt, dich in Dampf verwandelt und die Räder zahlloser von Menschen gebauten Maschinen zum Laufen gebracht, bist kondensiert und wieder in deine ursprüngliche Form geschlüpft. Du hast Abwasserkanäle gereinigt, Straßenpflaster gewaschen, Mensch und Tier unzählige Dienste erwiesen und bist stets zu deiner Quelle im Meer zurückgekehrt, um dich dort zu reinigen und deine Reise erneut anzutreten. Wenn du dich fortbewegst, dann immer nur in eine Richtung – hin zum Meer, aus dem du gekommen bist. Du kommst und gehst, kommst und gehst, aber du scheinst dich an deiner Arbeit stets zu erfreuen.

Wasser! Klares, reines, sprudelndes Wasser. Ganz gleich, wie viel schmutzige Arbeit du auch verrichtest, du reinigst dich stets wieder, wenn sie vollbracht ist. Man kann dich nicht erschaffen und nicht zerstören. Du bist Teil allen Lebens. Ohne deine Wohltätigkeit könnte kein Leben auf dieser Erde existieren!‹

Und das Wasser des Baches plätscherte murmelnd und lachend in Richtung Meer davon – aber ich hatte eine grandiose Predigt vernommen und war der größten Form der Intelligenz ganz nahegekommen. Ich spürte die Anwesenheit derselben Intelligenz, die jene wunderbare Eiche aus einer winzigen Eichel erschaffen und die Blätter jenes Farns mit einer mechanisch-ästhetischen Perfektion entworfen hatte, zu der kein Mensch je fähig gewesen wäre.

Die Schatten der Bäume wurden länger, der Tag neigte sich dem Ende entgegen. Während die Sonne allmählich am westlichen Horizont verschwand, wurde mir bewusst, dass auch sie eine Rolle in dieser wundervollen Rede spielte, der ich zuvor gelauscht hatte. Ohne die gütige Hilfe der Sonne hätte sich die Eichel niemals in einen Baum verwandeln können. Ohne die Hilfe der Sonne wäre das Wasser des sprudelnden Baches auf ewig in den Ozeanen der Welt gefangen geblieben und das Leben auf dieser Erde hätte niemals existiert.

Diese Gedanken verliehen der Rede, die ich vernommen hatte, einen wundervollen Höhepunkt. Es waren Gedanken an die romantische Verbindung, die zwischen der Sonne, dem Wasser und allem Leben auf Erden besteht. Keine andere Form der Verbindung war mit dieser zu vergleichen und neben ihr erschienen alle anderen unwichtig.

Ich hob einen kleinen weißen Kieselstein auf, den das fließende Wasser des Baches hübsch glatt geschliffen hatte. Während ich ihn in meiner Hand hielt, erreichte mich aus seinem Inneren eine noch eindrucksvollere Predigt. Die Intelligenz, die meinem Geist diese Rede übermittelte, schien zu sagen:

›Betrachte, oh Sterblicher, das Wunder, das du in deiner Hand hältst. Ich bin nur ein winziger Kieselstein, und dennoch bin ich in Wirklichkeit ein kleines Universum, das alles enthält, was du auch in dem unendlich weiten Universum finden kannst, das du dort draußen zwischen den Sternen siehst. Ich scheine tot und reglos zu sein, aber dieser Schein trügt. Ich bestehe aus Molekülen. In meinen Molekülen befinden sich Myriaden von Atomen und jedes ist ein eigenes kleines Universum. Die Atome enthalten unzählige Elektronen, die sich mit unfassbarer Geschwindigkeit bewegen. Ich bin kein toter Stein, sondern eine durchdachte Ansammlung kleiner Einheiten endloser Energie. Ich scheine ein fester Stoff zu sein, aber der Schein trügt, denn meine Elektronen sind durch eine Entfernung voneinander getrennt, die ihre Masse übertrifft. Betrachte mich genau, Wanderer, und vergiss nie, dass die größten Mächte des Universums die unstofflichen sind und dass man die wirklich wertvollen Dinge des Lebens nicht an der Höhe eines Bankkontos ablesen kann.‹

Der Gedanke, der mir auf diese großartige Weise übermittelt wurde, war so erhellend, dass ich völlig gebannt war. Er ließ mich nämlich erkennen, dass ich einen winzigen Teil jener Energie in meiner Hand hielt, die die Sonne, die Sterne und die Erde, auf der wir eine kleine Weile leben dürfen, an ihren rechten Plätzen und in der richtigen Position zueinander hält.

Jetzt erkannte ich die wunderbare Wahrheit: Selbst innerhalb der winzigen Grenzen eines Kieselsteins herrschen Gesetze organisierter Ordnung. Ich erkannte, dass in der Masse dieses winzigen Kiesel die Romantik aber auch die Wirklichkeit der Natur miteinander verbunden waren. Ja, in diesem kleinen Stein übertraf die Wirklichkeit jede Fantasie bei Weitem.

Nie zuvor war mir so deutlich vor Augen geführt worden, wie offenkundig sich die Gesetze, die Ordnung und die Absichten der Natur in allen sichtbaren Dingen enthüllen. Nie zuvor hatte ich mich der Quelle des Glaubens an die Unendliche Intelligenz so nahe gefühlt, nie zuvor war ich mir der Unendlichen Intelligenz so überwältigend bewusst.

Ich verweilte in diesem neu entdeckten Paradies, bis der Abendstern zu funkeln begann. Dann ging ich zögernd zurück in die Stadt, um mich wieder unter all jene zu mischen, die sich wie unerbittlich rudernde Galeerensklaven von den Regeln der Zivilisation dazu antreiben lassen, materielle Dinge zu horten, die sie gar nicht brauchen.

Nun sitze ich wieder in meinem Arbeitszimmer. Hier stehen meine Bücher und meine Schreibmaschine, auf der ich diese Erfahrung festhalte. Ich weiß, dass mein Glaube an die Unendliche Intelligenz real und von Dauer ist. Es ist kein blinder Glaube, denn er basiert auf einer genauen Betrachtung der Werke der Unendlichen Intelligenz, die sich in der perfekten Ordnung des Universums ausdrückt.

Bis zu diesem Zeitpunkt hatte ich auf der Suche nach der Quelle meines Glaubens immer in der falschen Richtung gesucht. Ich hatte sie in den Taten der Menschen gesucht, in zwischenmenschlichen Beziehungen, auf dem Kontostand der Bank und in materiellen Dingen. Gefunden habe ich sie schließlich in einer kleinen Eichel, in einer mächtigen Eiche, in einem Kieselstein, in den Blättern eines Farns und im Erdboden. Ich fand sie in der freundlichen Sonne, die unsere Erde wärmt und den Kreislauf des Wassers in Bewegung hält, im Abendstern und in der Stille und im Frieden der freien Natur. Die Unendliche Intelligenz offenbart sich viel eher in der Stille als in lautem Gepolter der Menschen, die in wahnsinniger Hast nach materiellen Dingen jagen.

Ich hatte mein Bankguthaben verloren, die gesamte Bank war bankrott gegangen, aber dennoch war ich reicher als die meisten Millionäre, denn ich hatte den direkten Weg zum Glauben entdeckt. Mit dieser Kraft in mir wird es mir gelingen, ganz andere Bankkonten zu eröffnen, die meine Bedürfnisse decken werden.

Ja, ich bin reicher als die meisten Millionäre, weil ich mich auf eine Quelle der beseelten Kraft verlasse, während viele Reiche meinen, Kraft und Ansporn alleine aus ihrem Bankguthaben und dem Börsenticker zu gewinnen. *Meine Quelle der Kraft ist ebenso frei wie die Luft, die ich atme, und ebenso grenzenlos!* Um aus ihr schöpfen zu können, muss ich mich nur auf meinen Glauben besinnen.

So habe ich einmal mehr erfahren, dass jedes Unglück den Samen eines ebenso großen Glücks in sich trägt. Durch ein Unglück verlor ich mein Bankkonto, aber ich wurde entsprechend dafür entschädigt, da sich mir der Weg zu umfassendem Reichtum offenbarte!«

Dies war, von ihm selbst erzählt, die Geschichte eines Mannes, der entdeckte, wie er seinen Geist durch seinen Glauben stärken kann. Was für eine mitreißende Geschichte! Mitreißend aufgrund ihrer bestechenden Einfachheit. Dieser Mann hat eine solide Grundlage für einen festen Glauben gefunden. Er fand diese Grundlage nicht in materiellem Reichtum, sondern in der Saat einer Eiche, in den Blättern eines Farns, in einem kleinen Kiesel und in einem plätschernden Bach – in Dingen also, die jeder von uns sehen und fassen kann.

Durch die Betrachtung dieser einfachen Dinge kam er zu der Erkenntnis, dass die größten Mächte die immateriellen Kräfte sind, deren Wirkung sich in den einfachen Dingen um uns herum enthüllen.

Ich habe die Geschichte hier wiedergegeben, weil ich Ihnen veranschaulichen wollte, wie wir unseren Geist klar und für das Wesentliche frei halten können, auch wenn wir inmitten großer, vermeintlich unüberwindbarer Schwierigkeiten stecken.

Die wichtigste Tatsache, die wir aus dieser Geschichte lernen, ist folgende: Wenn wir unseren Geist von negativen Gedanken befreien, nimmt die Kraft des Glaubens deren Platz ein und ergreift von ihm Besitz! Keinem Schüler dieser Philosophie wird wohl je das Unglück widerfahren sein, dass er den Gehalt dieser Beobachtung nicht erkannt hätte.

Wir wollen uns nun der Analyse des Glaubens zuwenden. Natürlich müssen wir uns diesem Thema in dem vollen Bewusstsein nähern, dass der Glaube eine Kraft ist, die bislang sämtlichen Erklärungsversuchen der Wissenschaft trotzte. Ich habe dem Glauben in dieser Philosophie den vierten Platz eingeräumt, weil er eng mit der »vierten Dimension« verbunden ist, auch wenn wir ihn hier aufgrund seiner Bedeutung für den persönlichen Erfolg betrachten.

Der Glaube ist ein Geisteszustand, den man vielleicht am treffendsten als *Triebkraft der Seele* bezeichnen könnte. Mit dieser Kraft lassen sich unsere Pläne, Wünsche und Ziele in greifbare Realitäten verwandeln, etwa finanzielle.

Wir haben bereits festgestellt, dass wir große Kraft erlangen können durch:

(1) die Angewohnheit, freiwillig mehr zu leisten, als verlangt wird;

(2) indem wir entschlossen auf ein klares und eindeutiges Ziel hinarbeiten;

(3) die Anwendung des Mastermind-Prinzips.

Aber diese Kraft ist nichts im Vergleich zu der, die entstehen kann, wenn wir diese drei Prinzipien mit jenem Geisteszustand verbinden, den wir Glauben nennen.

Wir haben bereits veranschaulicht, dass die Fähigkeit, Glauben zu können, einer der Zwölf Reichtümer des Lebens ist.

Wir wollen uns nun den Mitteln und Wegen widmen, durch die wir diese »Fähigkeit« mit jener seltsamen Kraft erfüllen können, die die wichtigste Stütze der Zivilisation, die Hauptursache allen menschlichen Fortschritts und die vorherrschende Energie hinter allen schöpferischen Anstrengungen der Menschen ist.

Wiederholen wir zu Beginn unserer Analyse einen wichtigen Gedanken: Der Glaube ist ein geistiger Zustand, der voraussetzt, dass Sie die Kunst erlernt haben, Ihre geistigen Kräfte voll und ganz zu beherrschen! Dies ist das uneingeschränkte Vorrecht, über das uns die vollkommene Kontrolle gegeben wurde. Der Glaube setzt seine Kraft allein durch einen Geist frei, der auf ihn vorbereitet wurde. Der Weg zu dieser Vorbereitung erschließt sich allen, die ihn wirklich finden wollen.

Dies sind die Voraussetzungen der Fähigkeit zum Glauben:

1. Eine eindeutige Zielsetzung, gestützt durch Eigeninitiative oder gezielte Handlungen.

2. Die Angewohnheit, in allen zwischenmenschlichen Beziehungen mehr zu leisten, als von Ihnen verlangt wird.

3. Eine Mastermind-Verbindung mit einer oder mehreren Personen, die Zuversicht ausstrahlen, der auf Glauben gründet. Diese Personen müssen sowohl geistig als auch in ihren Absichten zu unseren eigenen passen, um uns bei der Verwirklichung unseres Zieles von Nutzen sein zu können.

4. Eine positive innere Einstellung, frei von allen negativen Empfindungen wie Angst, Neid, Gier, Hass, Eifersucht und Aberglaube. Eine positive Geisteshaltung ist der erste und wichtigste der Zwölf Reichtümer des Lebens.

5. Die Erkenntnis, dass jedes Unglück die Saat eines ebenso großen Glücks in sich trägt und dass eine vorübergehende Niederlage erst dann ein Versagen bedeutet, sobald wir sie selbst als solches anerkennen.

6. Die Angewohnheit, sich selbst durch Meditation sein wichtigstes Ziel im Leben zu bestätigen, und das mindestens einmal täglich.

7. Die Anerkennung der Existenz einer allmächtigen Intelligenz, die dem Universum Ordnung verleiht, sowie die Anerkennung der Tatsache, dass jeder Einzelne ein perfekter Ausdruck dieser Intelligenz ist und dem menschlichen Geist daher keinerlei Grenzen gesetzt sind – außer jenen, die wir als solche betrachten oder selbst errichten.

8. Eine sorgfältige Rückschau aller eigenen Niederlagen und Schicksalsschläge. So wird sich Ihnen die Wahrheit enthüllen, dass alle derartigen Erfahrungen die Saat eines entsprechenden Gewinns in sich tragen.

9. Selbstachtung, die daran erkennbar ist, dass Sie in Einklang mit dem eigenen Gewissen leben.

10. Die Anerkennung der Einheit der gesamten Menschheit.

Dies sind die wichtigsten Grundlagen, durch die wir unseren Geist darauf vorbereiten können, Glauben auszudrücken. Um sie umzusetzen, müssen wir keine überdurchschnittlichen Fähigkeiten besitzen, aber wir müssen mit Intelligenz und einem großem Verlangen nach Wahrheit und Gerechtigkeit zu Werke gehen.

Der Glaube vereint sich allein mit einem positiv eingestellten Geist! Er ist der *élan vital,* der unserem Geist Kraft, Inspiration und Zuversicht verleiht. Er ist die Kraft, die den positiven Geist dazu bringt, wie ein *Elektromagnet* zu wirken: Er wird das exakte physische Gegenstück jener Gedanken anziehen, die diesen Geist erfüllen. Da er mit positiven Gedanken geladen ist, zieht er auch nur positive Gedanken an.

Der Glaube schenkt unserem Geist Einfallsreichtum und *gießt Wasser auf seine Mühlen.* Er lässt uns in allen Lebenslagen günstige Gelegenheiten erkennen, durch die wir unser Ziel erreichen können. Der Glaube zeigt uns sogar, wie wir ein Versagen oder einen Misserfolg in einen ebenso großen Erfolg verwandeln können.

Der Glaube erlaubt dem Menschen tiefe Einblicke in die Geheimnisse der Natur und lässt ihn die Sprache der Natur, die in allen Naturgesetzen zum Ausdruck kommt, besser verstehen.

Auf diese Offenbarung sind auch alle bedeutenden Erfindungen der Menschheit zurückzuführen. Durch sie entwickelte sich so ein besseres Verständnis dafür, dass der Weg zur Freiheit aller Menschen über die Harmonie in allen menschlichen Beziehungen führt.

Durch festen Glauben ist es uns Menschen möglich, wirklich alles zu erreichen, was wir *begreifen* und *uns vorstellen* können!

Thomas A. Edison *glaubte* daran, eine funktionstüchtige Glühlampe herstellen zu können, und trotz der Tatsache, dass er mehr als zehntausendmal scheiterte, stärkte ihn dieser Glaube immerfort, bis er schließlich die Geheimnisse der Natur entdeckte, nach denen er gesucht hatte.

Signor Marconi *glaubte* daran, dass die Energie des Äthers dazu genutzt werden kann, Klangwellen drahtlos zu übertragen. Sein Glaube half ihm, endlose Rückschläge zu ertragen, bis er schließlich doch einen grandiosen Triumph feiern konnte.

Christoph Kolumbus *glaubte* daran, dass die Erde rund sei und dass er in einem unerforschten Ozean Land finden werde, wenn er nur immer weitersegelte. Trotz der heftigen Proteste seiner *zweifelnden* Mannschaft segelte er immer weiter und weiter, bis er schließlich für seinen Glauben belohnt wurde.

Helen Keller *glaubte* daran, dass sie sprechen lernen würde, obwohl sie kurz nach ihrer Geburt stumm, taub und blind geworden war. Ihr Glaube ließ sie die Fähigkeit zum Sprechen entwickeln und durch Verfeinerung ihres Tastsinnes fand sie sogar einen Ersatz für das Hörvermögen. So bewies sie, dass wir durch Glauben immer einen Weg finden können und immer finden werden, der uns zur Verwirklichung unserer Wünsche führt.

Wenn auch Sie sich einen solchen Glauben wünschen, dann konzentrieren Sie alle ihre Gedanken auf Ihre Ziele. Und denken Sie immer daran: So etwas wie ein *Pauschalglaube* existiert nicht. Glaube ist immer der Ausdruck eines festen Willens und eines Zieles, dass man unbeirrt verfolgt.

Der Glaube ist die Hand, die uns von innen führt! Die leitende Macht dieser Hand ist die Unendliche Intelligenz, die auf ein eindeutiges Ziel ausgerichtet ist. Sie schenkt uns zwar nicht von alleine das, was wir uns wünschen, aber sie führt uns auf unserem Weg zur Erfüllung dieser Wünsche.

Wie man die Kraft des Glaubens anwendet

1. Werden Sie sich darüber klar, was Sie wirklich wollen, und legen Sie fest, was Sie im Gegenzug dafür zu geben bereit sind.

2. Wenn Sie Ihre Ziele und Wünsche durch Gebete bekräftigen, versuchen Sie dabei, sich vorzustellen, Sie hätten sie bereits verwirklicht. Handeln sie so, als seien sie bereits erreicht. Vergessen Sie nicht, dass wir alles zunächst in unseren Gedanken, in unserem Geist formen.

3. Öffnen Sie Ihren Geist, sodass er stets bereit ist, sich auch *von innen heraus führen zu lassen*. Falls Sie eine *Vorahnung* haben, die ihnen nahelegt, ihre Pläne zu ändern oder einem neuen Plan zu folgen, dann handeln Sie ohne Zögern oder Zweifel.

4. Wenn Sie ein zwischenzeitlicher Rückschlag zurückwirft – dies kann durchaus häufiger passieren – dann denken Sie immer daran, dass der Glaube eines Menschen auf vielerlei Art geprüft werden kann. Ihr Misserfolg ist vielleicht nur eine dieser *Testphasen*, die sich im Nachhinein als Stärkung erweist. Finden Sie in dieser Niederlage den Ansporn, sich noch mehr zu bemühen. Setzen Sie Ihren Weg in dem festen *Glauben* fort, dass Sie am Ende erfolgreich sein werden.

5. Eine negative Einstellung zerstört die Fähigkeit zum Glauben und wird jedes Vorhaben zu einem negativen Ende führen. Ihre geistige Einstellung ist das Allerwichtigste; Sie müssen daher die vollkommene Kontrolle über Ihren Geist übernehmen und ihn von allen unerwünschten Einmischern befreien, die dem Glauben nicht freundlich gesonnen sind.

Sie müssen Ihren Geist dauerhaft freihalten, ganz gleich, wie viel Mühe es kostet.

6. Lernen Sie, der Kraft Ihres Glaubens Ausdruck zu verleihen, indem Sie eine klare Beschreibung Ihres wichtigsten Zieles im Leben aufschreiben. Diese Aufzeichnung sollten Sie als Grundlage für Ihre tägliche Meditation benutzen.

7. Verbinden Sie möglichst viele der zuvor beschriebenen neun Verhaltensregeln mit Ihrem wichtigsten Ziel.

8. Erstellen Sie eine Liste mit all den Vorzügen und Vorteilen, die Sie sich von der Verwirklichung Ihres Lebenszieles erwarten. Rufen Sie sich diese tagtäglich immer wieder ins Gedächtnis. So machen Sie ihren Geist *erfolgsbewusst*. Diese Vorgehensweise nennt man auch Autosuggestion.

9. Pflegen Sie, soweit es möglich ist, viel Umgang mit Personen, die dem Ziel, das Sie erreichen wollen, zugeneigt sind. Ermuntern Sie sie dazu, Sie so gut wie möglich zu unterstützen.

10. Lassen Sie nicht einen einzigen Tag verstreichen, ohne nicht wenigstens einen kleinen, aber erkennbaren Schritt in Richtung der Verwirklichung Ihres Zieles zu machen. Denken Sie immer daran: *Der Glaube ohne Taten ist nutzlos.*

11. Wählen Sie eine wohlhabende, mutige Person mit Selbstvertrauen als Ihren *Schrittmacher* aus. Nehmen Sie sich vor, mit dieser Person nicht nur Schritt zu halten, sondern Sie noch zu übertreffen. Tun Sie dies aber im Stillen, ohne jemanden in Ihren Plan einzuweihen. Angeberei hätte fatale

Folgen für Ihren Plan, denn Eitelkeit oder Egoismus schaden den Glauben sehr.

12. Umgeben Sie sich mit Büchern, Bildern, Wandsprüchen und anderen suggestiven Stützen, die Ihre Zuversicht, die auf Glauben beruht, stärken. Schaffen Sie so um sich herum eine Atmosphäre des Wohlbehagens und des Erfolges. Diese Angewohnheit wird ungemein fruchtbar sein und zu erstaunlichen Ergebnissen führen.

13. Machen Sie es sich zur Gewohnheit, unangenehmen Situationen niemals auszuweichen. Stellen Sie sich ihnen und klären Sie sie gleich an Ort und Stelle. Sie werden sehr schnell erkennen, dass sich solchen Situationen zu stellen – ohne Angst vor den Folgen – bereits neunzig Prozent ihrer erfolgreichen Bewältigung ausmacht.

14. Erkennen Sie die Tatsache an, dass alles, was zu besitzen sich lohnt, einen festen Preis hat. Der Preis für den Glauben liegt, unter anderem, in der selbst auferlegten Pflicht, ständig über die Einhaltung dieser einfachen Verhaltensregeln zu wachen. *Beharrlichkeit* muss Ihre Parole sein!

All diese Schritte führen zur Entwicklung und zur Erhaltung einer *positiven Geisteshaltung* – und nur in ihr kann der Glaube wohnen. Sie führen sowohl zu einem reichen Bewusstsein und zu einer gesunden Seele, als auch zu einem reich gefüllten Geldbeutel. Füttern Sie Ihren Verstand deshalb ständig mit geistiger Nahrung von solcher Art. Ihr Geist wird auf das Ziel Ihrer Wünsche eingestimmt bleiben, und Sie werden die Gewissheit spüren, es bald zu erreichen.

Der Schlüssel zu jedem Menschen, sagte Emerson, *sind seine Gedanken*. Das ist wahr. Jeder Mensch ist das Ergebnis seiner bisherigen Gedanken!

Es ist schwer, sich vorzustellen, Henry Ford haben jemals Zweifel geplagt, denn sein Lebenswerk und seine Erfolge waren das Produkt seines Glaubens. Es ist nicht minder schwer, sich vorzustellen, Henry Ford habe sich irgendein Ziel gesetzt, nur um später zu akzeptieren, dass es unerreichbar für ihn war.

Als Fords Ingenieure bei der Entwicklung eines gusseisernen Motorblocks ausriefen, das sei »unmöglich«, erwiderte er: »Ihr benutzt dieses Wort sehr leichtfertig. Versucht es.«

Sie machten sich an die Arbeit, verfügten jedoch nicht über Fords Glauben! Nach einiger Zeit meldeten sie Ford, ihre Versuche seien erfolglos geblieben.

»Probiert es weiter«, verlangte Ford. »So lange, bis ihr es geschafft habt.«

Sie versuchten es immer weiter und weiter, bis sie schließlich die Methode fanden, nach der sie gesucht hatten. Fords Glaube hatte erneut gesiegt.

Thomas A. Edison wollte eine Maschine erschaffen, die die menschliche Stimme aufzeichnen und wiedergeben kann. Niemand hatte jemals eine derartige Maschine gesehen, und niemand außer Edison *glaubte* daran, dass man sie bauen könnte. Sein *Traum* war jedoch mehr als nur ein Wunsch, denn er stützte ihn durch seinen Glauben – und Glaube, der zu Taten wird, verwandelt sich in Weisheit. Edison arbeitete kontinuierlich an der Maschine, und siehe da: Schon sein erstes Modell gab seinem Glauben Recht, denn es funktionierte!

Wann immer James J. Hill mit der Hand an der Morsetaste saß und auf eine *freie Leitung* wartete, saß er nicht einfach nur untätig da. Nein, seine Fantasie arbeitete auf Hochtouren, denn er träumte von einem transkontinentalen Eisenbahnnetz, durch das die umfangreichen Ressourcen des unerschlossenen Westens der Vereinigten Staaten erschlossen werden könnten.

Hill besaß kein Geld. Er hatte keine einflussreichen Freunde. Er konnte keine großen Erfolge vorweisen, die ihm das nötige Ansehen verliehen hätten. Aber er hatte seinen festen Glauben, diese unwiderstehliche Kraft, die das Wort *Unmöglich* niemals anerkennt.

Hill schrieb sein klares Lebensziel in allen Einzelheiten auf. Auf einer Karte der Vereinigten Staaten zeichnete er den Verlauf seiner erdachten Eisenbahnlinie ein. Wenn er schlief, lag diese Karte immer unter seinem Kopfkissen und wohin er auch ging, die Karte nahm er mit. Er nährte seinen Geist mit Gedanken an die Erfüllung seines *Traumes,* bis er diesen Traum schließlich wahr machte.

Am Morgen nach dem Großen Brand von Chicago, der das gesamte Geschäftsviertel der Stadt völlig verwüstet hatte, ging Marshall Field zu der Stelle, an der am Tag zuvor noch sein Kaufhaus gestanden hatte. Um ihn herum standen Gruppen anderer Händler, deren Läden ebenfalls den Flammen zum Opfer gefallen waren. Field lauschte ihren Unterhaltungen und hörte, dass sie alle Hoffnung verloren hatten und viele von ihnen fest entschlossen waren, nach Westen zu ziehen und dort noch einmal von vorn anzufangen.

Field wandte sich an die Leute, die ihm am nächsten standen und sagte: »Nun, Sie können tun, was Sie wollen. Aber was mich angeht, so werde ich genau hier bleiben, wo ich bin. Dort drüben sehen Sie die qualmenden Überreste meines Geschäftes, und genau dort werde ich das größte Kaufhaus der Welt bauen.«

Das Kaufhaus, das Field auf dem Fundament seines Glaubens erbaute, steht noch heute am selben Ort in Chicago. Es galt viele Jahre lang weltweit als das größte Kaufhaus der Welt!

Diese und andere Männer waren die Pioniere, die den Aufbau unserer modernen und freien Marktwirtschaft ermöglichten. Sie schufen unsere Eisenbahnnetze und Kommunikationssysteme. Sie schenkten uns bewegte Bilder, sprechende Maschinen, Flugzeuge, Wolkenkratzer mit Stahlskeletten, das Auto, ausgebaute Straßen, elektrische Haushaltsgeräte, Anlagen zur Stromerzeugung, die Röntgentechnik, Banken, die großen Versicherungsunternehmen ... Sie ebneten durch ihren Glauben den Weg für die Freiheit, die jeder Einzelne von uns heute genießt. Diese Tatsache ist noch viel wichtiger als all diese anderen Dinge.

Menschlicher Fortschritt hat nichts mit Zufall oder mit Glück zu tun!

Er ist das Ergebnis angewandten Glaubens, der durch Menschen zum Ausdruck kommt, die ihren Geist anhand der Prinzipien dieser Philosophie darauf ausgerichtet haben, ihn tatsächlich für die Verwirklichung Ihrer Ziele zu nutzen.

Die Wurzeln aller Freiheit und aller Reichtümer liegen in beständigem Glauben. Den Platz, den jeder Einzelne in dieser Welt einnimmt, hängt von der Stärke seines Glaubens ab, den er im Zusammenhang mit seinen Zielen zum Ausdruck bringt. Dies sollten alle, die nach Freiheit und Reichtum streben, nie vergessen.

Wir sollten auch nie vergessen, dass der Glaube in Bezug auf Freiheit oder Reichtum keinerlei Grenzen kennt. Er führt jeden Menschen entsprechend der Stärke seines Glaubens zur Verwirklichung seiner Ziele, ganz gleich, ob er große oder kleine Ziele hat.

Auch wenn der Glaube die einzige Kraft ist, die den Erklärungsversuchen der Wissenschaftler trotzt, ist die Methode, durch die wir ihn anwenden können, denkbar einfach. Jeder Mensch kann sie leicht verstehen. Deshalb ist die Fähigkeit zum Glauben und die Methode, seine Kraft für sich zu nutzen, ein Allgemeingut der gesamten Menschheit.

Glaube beginnt mit einer klaren Zielsetzung, und er ist am stärksten in einem Geist, der durch eine positive Einstellung auf die Aufnahme des Glaubens vorbereitet wurde. Er erreicht seine größte Wirkungskraft durch Taten, die auf die Verwirklichung eines eindeutigen Zieles ausgerichtet sind.

Wer etwa durch *Liebe* motiviert ist, wird bald feststellen, wie schnell ihn seine Gefühle zu Taten inspirieren. Oder wenn jemand mit ganzem Herzen nach der Anhäufung materieller Reichtümer strebt, wird er schon bald erkennen, wie schnell sich seine Anstrengungen in eine Arbeit verwandeln, die er liebt. Selbst wenn er sehr viel arbeitet, wird seine Erschöpfung durch die Freude über seine *Selbstverwirklichung* versüßt werden.

So lösen sich für jeden Menschen, der seinen Geist durch Glauben erfüllt und auf eine Selbstverwirklichung vorbereitet, alle Widerstände des Lebens, einer nach dem anderen, in Wohlgefallen auf. Sein Erfolg wird so unvermeidlich. All seine Mühen werden durch Freude gekrönt. Er hat keine Zeit mehr, um niedergeschlagen zu sein. Negativen Gefühlen wie Hass gibt er nicht mehr nach. *Harmonische Beziehungen* zu seinen Mitmenschen fallen ihm leicht. Seine Hoffnungen auf Erfolg sind groß und unerschütterlich, denn er sieht sich selbst bereits am Ziel seiner Wünsche. Intoleranz hat er durch eine *offene Geisteshaltung* ersetzt. *Selbstdisziplin* wird für ihn so selbstverständlich wie die täglichen Mahlzeiten. Er *versteht die Menschen*, weil er sie liebt, und aufgrund dieser Liebe ist er bereit, sein Glück mit anderen zu teilen.

Er kennt keine Angst, denn all seine Ängste wurden durch seinen Glauben vertrieben. Er hat sich die Zwölf Reichtümer des Lebens zu Eigen gemacht!

Glaube drückt die Dankbarkeit aus, die wir der Natur gegenüber für unsere Schöpfung empfinden. Angst zeugt von mangelndem Vertrauen zur Schöpfung.

Die größten Reichtümer des Lebens bestehen im Verständnis der vier Prinzipien, die ich bereits mehrfach erwähnt habe. Diese vier Prinzipien bilden die wichtigsten Grundsteine auf dem Weg zu jenem Schlüssel, der Ihnen die Tür zur Macht Ihrer Gedanken und den tiefsten Geheimnissen Ihrer Seele öffnet. Nutzen Sie diesen Schlüssel weise und Sie werden frei sein!

In einer Ein-Zimmer-Blockhütte in Kentucky lag ein kleiner Junge neben dem Kamin und lernte zu schreiben. Er benutzte die Rückseite einer Holzschaufel als Tafel und ein Stück Kohle als Kreide. Eine freundliche Frau stand über ihn gebeugt und ermutigte ihn, es weiter zu versuchen. Die Frau war seine Mutter.

Der Junge reifte zum Mann heran, ohne je Anzeichen zu zeigen, dass er einmal etwas Bedeutendes leisten könnte. Er studierte Jura und schlug sich als Anwalt durch, allerdings mit äußerst geringem Erfolg. Dann versuchte er sich als Ladenbesitzer, musste aber schon bald Konkurs anmelden. Er trat als Soldat in die Armee ein, aber auch dort machte er nicht sonderlich von sich reden. Alles, was er in die Hand nahm, schien zu welken und sich vor seinen Augen in nichts aufzulösen.

Eines Tages trat die Liebe in sein Leben. Doch die einzige Frau, die er je geliebt hatte, verstarb viel zu früh. Der Kummer über ihren Tod reichte bis tief in die Seele des Mannes, und dort verspürte er zum ersten Mal jene geheime Kraft, die aus unserem tiefsten Inneren erwächst.

Von nun an setzte er diese Kraft für seine wichtigsten Ziele ein. Durch sie wurde Abraham Lincoln zum Präsidenten der Vereinigten Staaten. Durch diese Kraft konnte er das Land vom Fluch der Sklaverei befreien. Sie bewahrte die Unionsstaaten in einer Zeit größter landesweiter Not vor dem Zerfall.

Der große Befreier ist längst von uns gegangen, aber der Geist seiner großen Seele, der durch die geheime Kraft aus seinem Inneren befreit wurde, lebt weiter.

Diese Kraft, die aus dem Inneren der Menschen stammt, kennt keine sozialen Unterschiede! Sie ist für die Ärmsten und Bescheidensten ebenso erreichbar wie für die Reichen und Mächtigen. Sie muss nicht von einem Menschen zum anderen weitergereicht werden, denn jeder, der denken kann, besitzt sie. Diese Kraft kann von niemandem außer einem selbst eingesetzt werden. Wir müssen sie aus unserem eigenen Inneren schöpfen. Sie ist jedem von uns frei zugänglich, sofern wir sie nutzen wollen.

Weshalb verspüren wir nur so oft diese seltsame Angst, die unseren Verstand erfasst und unsere Annäherung an die geheime innere Kraft stört, die uns zu den größten Erfolgen heben könnte, wenn wir sie nur erkennen und anwenden würden? Wie und warum werden die meisten Menschen Opfer eines hypnotisierenden Rhythmus, der ihre Fähigkeit zerstört, diese verborgene Kraft zu nutzen? Und wie kann man diesen Rhythmus unterbrechen?

»Wie kann ich diese verborgene Kraft, die aus meinem Inneren kommt, denn nutzen?«, werden sich nun einige fragen. Schauen wir uns an, wie dies anderen bereits vor uns gelungen ist.

Ein junger Geistlicher namens Frank Gunsaulus hegte schon lange den Wunsch, eine ganz neuartige Schule zu gründen. Er wusste genau, was er wollte, die Sache hatte nur einen Haken: Er benötigte dafür eine Million Dollar und die besaß er nicht.

Er setzte es sich in den Kopf, die Million aufzutreiben! Eine klare Entscheidung, die auf einer eindeutigen Zielsetzung basierte – das war der erste Schritt seines Plans.

Nun verfasste er eine Predigt mit dem Titel *Was ich mit einer Million Dollar tun würde!* und kündigte in diversen Zeitungen an, dass er zu diesem Thema am kommenden Sonntag eine Predigt halten würde.

Am Ende der Predigt erhob sich ein Mann, den der junge Priester noch nie zuvor gesehen hatte, ging zur Kanzel, streckte seine Hand aus und sagte: »Ihre Predigt hat mir gefallen. Ich bitte Sie, morgen früh in mein Büro zu kommen, dann gebe ich Ihnen die Million Dollar, die Sie benötigen.«

Dieser Mann war Philip D. Armour, Gründer der Verpackungsfabrik Armour & Company. Seine Spende war der Grundstein für die Armour School of Technology, eine der besten Schulen der USA.

Dies ist im Großen und Ganzen der Kern der Geschichte. Was im Kopf dieses jungen Priesters vorging – was ihn in die Lage versetzte, Verbindung mit der geheimen Macht seines Geistes aufzunehmen – können wir nur vermuten. Aber der Modus Operandi, durch den er sich diese Kraft zunutze machte, war *angewandter Glaube!*

Kurz nach ihrer Geburt wurde Helen Keller Opfer einer schweren Krankheit, durch die sie ihre Sehkraft, ihr Gehör und ihre Sprache verlor. Mithilfe einer gütigen Frau, die um die geheime Kraft wusste, die uns innewohnt, begann Helen Keller, aus dieser Kraft zu schöpfen und sie sich zunutze zu machen.

In ihren Erinnerungen gab Helen Keller uns später einen Hinweis darauf, wie wir diese Kraft in uns entdecken können: »Richtig eingesetzter Glaube ist aktiv, nicht passiv! In passivem Glauben steckt genauso wenig Kraft wie im Sehvermögen eines Auges, das sich nicht bemüht, etwas zu sehen. Aktiver Glaube kennt keine Angst. Er kennt keine Verzweiflung. Durch Glauben gestärkt, ist auch der schwächste Sterbliche mächtiger als jedes Unheil dieser Welt.«

Glaube, der sich auf Taten stützte, war das Werkzeug, durch das Helen Keller ihre Behinderung überwand und wieder in der Lage war, ein sinnvolles Leben zu führen. Durch angewandten Glauben lernte sie, sich zu artikulieren. Durch ihren Glauben setzte sie ihren Tastsinn dazu ein, die Arbeit ihres Gehörs und ihrer Sehkraft zu übernehmen. So bewies sie, dass es sogar Mittel und Wege gibt, eine körperliche Beeinträchtigung – ganz gleich, wie schwer sie auch sein mag – zu überwinden.

Wenn Sie im Buch der Geschichte zurückblättern, werden Sie sehen, dass alle Fortschritte in der menschlichen Kultur und Zivilisation unausweichlich mit den Werken jener Männer und Frauen verbunden sind, die die Tür zu dieser geheimen Kraft in ihrem Inneren öffneten. Ihr angewandter Glaube diente Ihnen als Schlüssel dazu! Es wird Ihnen ebenfalls auffallen, dass große Leistungen nahezu immer aus Not, gegen scheinbar unüberwindbare Hindernisse und mit großen Mühen vollbracht wurden. Aber Hindernisse, die man überwindet, lassen einen unbeugsamen Willen entstehen, der einen unerschütterlichen Glauben voraussetzt!

In diesen wenigen Worten – unbeugsamer Wille, der einen unerschütterlichen Glauben voraussetzt – steckt der entscheidende Hinweis, der zur Entdeckung jener Tür Ihres Geistes führt, hinter der sich die verborgene Kraft Ihres Inneren versteckt!

Die erfolgreichen Menschen trafen auch oft auf Widerstände, besonders durch jene, die am meisten von ihrem Unglück profitiert hätten. Solchen Neidern mangelt es an aktivem Glauben und daher begegnen sie allem Neuen und Unvertrauten stets mit Skepsis und Zweifeln.

Menschen, die zu ihrer geheimen Kraft durchdringen und sie zur Lösung ihrer Probleme einsetzen, werden manchmal als *Träumer* bezeichnet! Wir sollten jedoch nicht übersehen, dass diese Menschen nicht nur träumen, sondern auch handeln. Wie Helen Keller sagte: »Richtig eingesetzter Glaube ist aktiv, nicht passiv!«

Eine der seltsamen Eigenschaften eines *richtig eingesetzten Glaubens* ist, dass er meist aufgrund einer Notsituation entsteht, die uns dazu zwingt, zur Lösung unserer Probleme über die Kraft unserer gewöhnlichen Gedanken hinauszublicken. Während solcher Notsituationen greifen wir nach der geheimen Kraft in unserem Inneren, die keine Widerstände kennt, die stark genug wären, sie zu bezwingen.

Notsituationen führen die Menschen im Laufe ihres Lebens oft an eine Kreuzung, an der sie gezwungen sind, sich für einen Weg zu entscheiden: Einer führt zum festen Glauben an sich selbst, der andere zur Angst!

Warum wählen die meisten Menschen den Weg der Angst?

Nun, die Wahl hängt von ihrer geistigen Einstellung ab! Wer den Weg des Glaubens wählt, hat seinen Geist bereits darauf vorbereitet, zu vertrauen. Er hat bereits einen Schritt nach dem anderen getan und im Alltag schnelle, mutige Entscheidungen getroffen. Wer den Weg der Angst wählt, hat es versäumt, eine positive innere Einstellung zu entwickeln.

Ein Beispiel: In Washington sitzt ein Mann in einem Rollstuhl und hält eine Blechtasse und ein Bündel Bleistifte in der Hand. Er hält sich durch Betteln mehr schlecht als recht über Wasser. Er entschuldigt sein Betteln damit, dass er seine Beine nicht mehr benutzen kann, da er an Kinderlähmung leidet. Sein Gehirn ist nicht in Mitleidenschaft gezogen und auch ansonsten ist er stark und gesund. Dieser Mann hat sich für den Weg der Angst entschieden, und da er ihn nicht mehr benutzt, verkümmert sein Verstand seitdem.

In einem anderen Teil derselben Stadt lebte vor einigen Jahren ein anderer Mann, der unter derselben Behinderung litt. Auch er konnte seine Beine nicht mehr benutzen und aufstehen. Seine Reaktion auf diesen Verlust war aber eine völlig andere. Als er an die Kreuzung kam und gezwungen war, eine Entscheidung zu treffen, wählte er den Weg des Glaubens und Vertrauens. Dieser Weg führte ihn schließlich ins Weiße Haus und zum höchsten Amt, das einem Amerikaner offensteht. Sein Name lautete: Franklin Delano Roosevelt.

Was Roosevelt durch seine gelähmten Beine verloren hatte, machte er durch seinen Verstand und seinen Willen wieder wett. Es ist eine verbürgte Tatsache, dass ihn seine körperliche Beeinträchtigung in keiner Weise daran hinderte, einer der aktivsten Männer zu werden, die jemals das Amt des Präsidenten bekleideten.

Die Unterschiede im Werdegang dieser beiden Männer sind wirklich sehr groß! Doch sie dürfen nicht darüber hinwegtäuschen, worin der Grund für diesen Unterschied bestand: Er lag einzig und allein in ihrer unterschiedlichen geistigen Einstellung. Einer der Männer wählte die Angst als Wegweiser, der andere den Glauben.

Wenn wir die Umstände betrachten, die einige Menschen auf die höchsten Stufen des Erfolges heben, während sie andere zu einem Leben in Armut und Entbehrung verdammen, ist es äußerst wahrscheinlich, dass ihre unterschiedlichen Positionen ihre jeweilige Geisteshaltung widerspiegeln. Wer sich nach oben orientiert, hat die steile aber zuverlässige Richtung des Glaubens gewählt. Wer sich nach unten orientiert, hat den einfachen aber traurigen Weg der Angst gewählt.

Als der erste Lehrer von Thomas A. Edison den Schüler nach drei Monaten mit einem Schreiben an seine Eltern von der Schule nach Hause schickte, in dem stand, der Junge sei »geistig verwirrt« und könne nicht unterrichtet werden, gab er ihm damit die beste aller Entschuldigungen, um zum Außenseiter zu werden, zu einem Nichtsnutz und einem Versager. Und genau das wurde Edison auch – zumindest für einige Zeit. Er nahm verschiedene Gelegenheitsarbeiten an, trug Zeitungen aus und spielte mit Chemikalien herum. Er galt schließlich als ein »Hans Dampf in allen Gassen«, als jemand, der zwar alles versucht, dem aber nichts wirklich gelingt.

Doch dann geschah irgendetwas mit Thomas A. Edison, das seinen Namen unsterblich machen sollte. Durch einige seltsame Ereignisse, die er der Welt niemals ganz enthüllte, entdeckte er die verborgene Kraft in seinem Inneren. Er nutzte sie für seine Ziele – und siehe da: Aus dem verwirrten Mann wurde der außergewöhnlichste und genialste Erfinder aller Zeiten.

Heute sollten wir uns, wann immer wir eine elektrische Lampe sehen, einen Film anschauen oder eine Tonaufnahme hören, bewusst sein, dass all dies die Ergebnisse dieser geheimen inneren Kraft sind, die uns ebenso offensteht wie dem großen Edison. Mehr noch: Wir sollten uns schämen, wenn wir – aus Nachlässigkeit oder Gleichgültigkeit – diese große Kraft nicht nutzen.

Eine der beachtlichsten Eigenschaften dieser geheimen Kraft aus dem Inneren ist die, dass sie Menschen dabei hilft, das zu erreichen, was sie sich am sehnlichsten wünschen. Man könnte auch sagen: Diese Kraft verwandelt unsere mächtigsten Gedanken in etwas Wirkliches.

Vor vielen Jahren betrat in der Kleinstadt Tyler in Texas ein Teenager einen Lebensmittelladen. Einige Landstreicher saßen faul neben einem Ofen und wärmten sich. Einer der Männer sah den Jungen an, grinste breit und fragte: »Sag mal, Junge, was willst du denn mal werden, wenn du groß bist?«

»Das kann ich Ihnen sagen«, erwiderte der Junge. »Ich werde der beste Rechtsanwalt der Welt – genau das werde ich, wenn Sie es genau wissen wollen!«

Die Faulenzer brüllten vor Lachen! Der Junge packte seine Einkäufe ein und verließ schweigend den Laden.

Einige Jahre später galt das Lachen der Faulpelze anderen Menschen, denn dieser Junge war tatsächlich zu einer anerkannten juristischen Autorität geworden. Seine Fähigkeiten auf diesem Gebiet waren so immens, dass er mehr verdiente als der Präsident der Vereinigten Staaten. Sein Name war Martin W. Littleton. Auch er hatte die geheime Kraft seines eigenen Geistes entdeckt, und diese Kraft erlaubte es ihm, den Preis für seine Dienste nach eigenem Ermessen festzulegen – und die Menschen bezahlten diesen Preis.

Dieses Beispiel ließe sich ganz leicht erweitern und auf alle erdenklichen Berufe und jedes menschliche Streben ausdehnen. In jedem Bereich gibt es ein paar wenige, die zur Spitze aufsteigen, während alle anderen nie über die Mittelmäßigkeit hinauskommen.

Diejenigen, die es schaffen, nennt man dann *Glückspilze*. Sicher hatten sie Glück! Aber wenn wir die Fakten betrachten, erkennen wir, dass ihr *Glück* zum einen aus der geheimen inneren Kraft bestand, die sie durch ihre positive Geisteshaltung für sich nutzten, zum anderen aus ihrer Entschlossenheit, dem Weg des Glaubens zu folgen anstatt dem Weg der Angst und der Selbsteinschränkung.

Die Kraft aus unserem Inneren kennt keinerlei Grenzen. Sie verwandelt jeden Misserfolg in die Herausforderung, sich noch mehr anzustrengen. Sie lässt selbst auferlegte Schranken wie Angst und Zweifel verschwinden. Mithilfe dieser Kraft birgt jeder Tag eine neue Möglichkeit für unseren persönlichen Erfolg; mit den Problemen vergangener Tage müssen wir uns nicht länger belasten.

Die innere Kraft bevorzugt niemanden aufgrund seiner Herkunft oder seines Glaubens. Sie ist auch an keine festgelegten Regel gebunden, die besagt, dass alle, die in Armut geboren wurden, auch arm bleiben müssen.

Sie kann selbst den einfachsten Menschen zu einem wahren König machen – durch seinen *eigenen Willen*. Dabei ist der einzige Preis, den wir für sie bezahlen müssen, unbeugsamer Glaube – ein aktiver, angewandter Glaube!

Geben Sie nicht auf, bis Sie den Weg zu dieser geheimen Kraft in Ihrem Inneren gefunden haben. Sobald Sie sie finden, entdecken Sie auch Ihr wahres Ich – jenes »wahre Ich«, das aus jeder Erfahrung Ihres Lebens etwas Positives zieht. Dann wird die Welt sich einen Weg zu Ihnen bahnen, Sie anerkennen und Sie angemessen belohnen, ganz gleich, wer Sie sind oder welche Misserfolge Sie zuvor erlebt haben. Auch Edison, Henry Ford, die Gebrüder Wright, Andrew Carnegie und all die anderen großen Persönlichkeiten hatten mit Versagen in der einen oder anderen Form zu kämpfen. Aber sie nannten es nicht so – sie nannten es »vorübergehende Rückschläge«. Mithilfe ihres Glaubens sahen sie in Misserfolgen die Herausforderung, es mit noch größeren Anstrengungen erneut zu versuchen!

Es ist leicht aufzugeben, wenn es hart wird. Man kann sich auch leicht selbst bemitleiden. Aber jemand, der negativ eingestellt ist und sich selbst bedauert, wenn er einen Rückschlag erleidet, wird nie erfolgreich sein.

Die Welt braucht keine neue Philosophie des Erfolges! Sie braucht eine Rückbesinnung auf die bewährten Grundsätze, die unfehlbar zur Entdeckung dieser inneren Kraft führt, die in der Lage ist »Berge zu versetzen«.

Wir haben ihr unzählige Namen gegeben, aber ihr Wesen ändert sich nie, ganz gleich, wie wir sie nennen. Sie kann ihre Wirkung nur auf einem Weg entfalten: durch unseren Geist. Sie drückt sich in den Gedanken, Ideen und Vorhaben der Menschen aus, und sie ist ebenso kostenlos wie die Luft die wir atmen und ebenso unendlich wie die Weiten des Universums.

9

Das kosmische Gesetz der Macht der Gewohnheit

Die Gewohnheit ist ein Seil; wir flechten daran jeden Tag einen Faden, und schließlich ist es so stark, dass wir es nicht mehr schaffen, es zu zerreißen.

Horace Mann

Kommen wir nun also zur Analyse des größten aller Naturgesetze: dem kosmischen Gesetz der Macht der Gewohnheit.

Kurz gesagt, beschreibt das kosmischen Gesetz der Macht der Gewohnheit einen Vorgang der Natur, der dazu führt, dass jegliche wiederholt ausgeführten Handlungen sich automatisch fortsetzen, sobald sie erst einmal in Gang gebracht wurden. Dies gilt für die Gewohnheiten der Menschen wie auch für die des Universums.

Alles, was ein Mensch ist und was er erreicht hat, wurde er durch feste Gewohnheiten in seinem Denken und Handeln. Das Ziel dieser gesamten Philosophie ist es, jedem Einzelnen bei der Entwicklung von Gewohnheiten zu helfen, die ihn dorthin führen, wo er im Leben sein möchte.

Alle Wissenschaftler – und auch viele Laien – wissen, dass die Natur im gesamten Universum ein perfektes Gleichgewicht zwischen allen Elementen der Materie und der Energien aufrecht hält. Das gesamte Universum funktioniert durch ein beharrliches System von Ordnung und Gewohnheiten. Dieses System kann der Mensch nicht verändern.

Die fünf bekannten Realitäten des Universums sind:

(1) Zeit
(2) Raum
(3) Energie
(4) Materie
(5) Intelligenz

Die Intelligenz bringt die anderen Gegebenheiten in eine Ordnung und ein System, das auf festgelegten Gewohnheiten basiert. Dies sind die Bausteine der Natur. Aus ihnen erschafft die Natur ein kleines Sandkorn ebenso wie die größten Planeten und all die anderen Dinge, die wir Menschen kennen und begreifen können.

Dies sind die bekannten Realitäten. Aber nicht jeder von uns ist sich der Tatsache bewusst, dass die kosmische Macht der Gewohnheit eine ganz spezielle Energieform ist, mit der die Natur die Harmonie zwischen allen Dingen aufrechterhält – die zwischen den einzelnen Atomen der Materie, zwischen den Sternen und Planeten in ihrem unermüdlichen Vorwärtseilen auf ein unbekanntes Ziel zu, zwischen den einzelnen Jahreszeiten, zwischen Tag und Nacht, zwischen Krankheit und Gesundheit oder zwischen Leben und Tod. Durch die kosmische Macht der Gewohnheit werden Dauer und Stärke sämtlicher Dinge und alle menschlichen Beziehungen gesteuert. Durch sie verwandeln sich die Gedanken eines Menschen als Antwort auf seine Wünsche und Ziele in ihr greifbares Gegenstück.

Diese Wahrheiten sind beweisbar. Wir sollten die Stunde als heilig erachten, in der uns die unausweichliche Tatsache bewusst wird, dass der Mensch nichts weiter ist als ein Medium höherer Mächte. Unsere gesamte Philosophie hat das Ziel, jeden Menschen zu dieser wichtigen Erkenntnis zu führen. Sie soll ihn dazu befähigen, von dem Wissen, das sie enthüllt, Gebrauch zu machen. Wenn wir im Einklang mit diesen unsichtbaren Mächten des Universums sind, werden sie uns unweigerlich zum Ufer des Erfolges im großen Strom des Lebens tragen. Die Stunde dieser Entdeckung bringt uns in greifbare Nähe des Schlüssels zu Reichtum und Glück!

Die kosmische Macht der Gewohnheit ist der Aufseher, der alle anderen Naturgesetze koordiniert, organisiert und umsetzt. Deshalb ist die kosmische Macht der Gewohnheit das wichtigste aller Naturgesetze.

Wir wissen, dass Sterne und Planeten sich mit solcher Präzision bewegen, dass Astronomen ihre exakte Position im Verhältnis zueinander unzählige Jahre im Voraus bestimmen können. Wir wissen, dass die Jahreszeiten mit der Regelmäßigkeit eines Uhrwerks kommen und gehen. Wir wissen, dass eine Eiche aus einer Eichel erwächst und eine Kiefer aus dem Samen ihres Vorfahren. Wir wissen auch, dass eine Eichel niemals einen Fehler macht und eine Kiefer entstehen lässt, ebenso wenig wie ein Kiefernsamen eine Eiche hervorbringt. Wir wissen, dass niemals etwas entsteht, wenn ihm nicht bereits etwas ganz Ähnliches vorausgegangen ist. Wir wissen, dass die Gedanken eines Menschen stets Früchte tragen, die seiner Art zu denken und seinen Zielen entsprechen – dies ist ebenso gewiss, wie Feuer Rauch hervorbringt.

Durch die kosmische Macht der Gewohnheit werden alle Lebewesen dazu gezwungen, die Umweltbedingungen, in denen sie leben und sich bewegen, anzunehmen und ein Teil von ihnen zu werden. Daraus ergibt sich, dass Erfolg weiteren Erfolg anzieht, Fehlschläge hingegen weitere Fehlschläge. Diese Wahrheit ist den Menschen seit Jahrhunderten bekannt, auch wenn bisher nur wenige den Grund für dieses seltsame Phänomen verstanden haben.

Wir wissen, dass ein Mensch, der allgemein als Versager verschrien ist, durch eine enge Verbindung mit Personen, die ihr Denken und Handeln am Erfolg orientieren, plötzlich ebenfalls erfolgreich werden kann. Aber nur wenige wissen, dass dies auf das kosmische Gesetz der Macht der Gewohnheit zurückzuführen ist. Es überträgt das »Erfolgsbewusstsein« eines erfolgreichen Menschen auf den Geist eines weniger erfolgreichen, sofern er im täglichen Leben in enger Verbindung zu ihm steht.

Wann immer zwei Menschen miteinander in geistigen Kontakt treten, erwächst aus dieser Verbindung ein dritter Geist, der dem stärkeren der beiden nachempfunden ist. Die meisten erfolgreichen Menschen haben diese Tatsache erkannt und geben offen zu, dass ihr Erfolg einsetzte, als sie ein enges Bündnis mit einer Person eingingen, deren positive Geisteshaltung sie entweder bewusst oder unbewusst übernahmen.

Die kosmische Macht der Gewohnheit ist lautlos und unsichtbar und wir können sie durch keinen unserer fünf Sinne wahrnehmen. Das ist auch der Grund, weshalb sie nicht noch mehr Menschen beachten, denn die meisten versuchen gar nicht erst, die rätselhaften Kräfte der Natur zu verstehen und sie interessieren sich auch nicht für abstrakte Prinzipien. Diese Unfassbarkeiten und Abstraktionen sind jedoch die wahren Mächte des Universums und die wahre Grundlage alles Greifbaren und Konkreten: Sie sind die Quelle alles Verständlichen und Fassbaren.

Wer dieses kosmische Wirkungsprinzip versteht, wird keine Schwierigkeiten haben, Emersons berühmtes Essay über die Entschädigung zu verstehen, denn auch er war mit dem Gesetz der kosmischen Macht der Gewohnheit vertraut.

Als Sir Isaac Newton das Gesetz der Schwerkraft entdeckte, erkannte auch er nahezu das gesamte Ausmaß dieses Gesetzes. Wäre er nach seiner Entdeckung nur noch wenige Schritte weitergegangen, hätte er womöglich dabei helfen können, schon früher zu enthüllen, dass aufgrund dieses Gesetzes unsere kleine Erde im Weltall gehalten wird und sie in Raum und Zeit in einem stabilen Verhältnis zu allen anderen Planeten steht. So wie es auch die Menschen zueinander, aber auch den Einzelnen, durch seine Denkgewohnheiten zu sich selbst in die richtige Beziehung setzt.

Der Ausdruck »Macht der Gewohnheit« erklärt sich von selbst. Es handelt sich dabei um eine Kraft, die durch festgelegte Handlungsmuster wirkt. Jedes Lebewesen, das mit weniger Intelligenz ausgestattet ist als der Mensch, wird durch die kosmische Macht der Gewohnheit geleitet. Wir nennen das »Instinkt«. Durch ihn lebt es, vermehrt es sich und erfüllt seine irdische Mission.

Dem Menschen allein – niemandem sonst – wurde im Zusammenhang mit seinen Lebensgewohnheiten die Fähigkeit geschenkt, freie Entscheidungen zu treffen. Dies ist das einzige Privileg, von dem jeder Einzelne uneingeschränkt und selbstständig Gebrauch machen kann.

Die Gedanken mancher Menschen kreisen ständig um Begriffe selbst auferlegter Einschränkungen wie Angst, Zweifel, Neid, Habgier und Armut. Durch die kosmische Macht der Gewohnheit werden solche Gedanken in ihr materielles Gegenstück verwandelt. Denken wir aber in Begriffen des Überflusses und des Reichtums, wird dasselbe Gesetz diese Gedanken ebenso in ihre greifbaren Entsprechungen umsetzen. Auf diese Weise kann jeder Einzelne sein irdisches Schicksal bis zu einem erstaunlichen Grad beeinflussen – allein dadurch, dass er von seinem Privileg Gebrauch macht, seine Gedanken selbst zu formen. Sobald diese Gedanken jedoch in eine bestimmte Form gebracht worden sind, werden sie von der kosmischen Macht der Gewohnheit übernommen und in beständige Gewohnheiten verwandelt. Diese Gewohnheiten bleiben erhalten – es sei denn, sie werden durch andere, stärkere Gedankenmuster ersetzt.

Nun möchte ich eine bedeutungsvolle Erkenntnis erklären: Die Tatsache, dass den meisten Menschen, die die höchsten Sphären des Erfolges erreicht haben, dies nicht gelungen wäre, wenn sie nicht zuvor einen schweren Schicksalsschlag oder eine Notsituation durchlebt hätten, in der sie tief in ihrer Seele erschüttert wurden und an einen Tiefpunkt in ihrem Leben gelangten, an dem sie als *Versager* galten.

Die Ursache für dieses seltsame Phänomen erschließt sich allen sofort, die das Gesetz der kosmischen Macht der Gewohnheit verstanden haben: Sie besteht in der Tatsache, dass diese Tragödien des Lebens dazu dienen, die üblichen Gewohnheiten eines Menschen zu durchbrechen – eben jene Gewohnheiten, die ihn bisher unausweichlich versagen ließen. Auf diese Weise kann er den festen Griff der kosmischen Macht der Gewohnheit lösen und neue, bessere Gewohnheiten entwickeln.

Dasselbe Phänomen erkennen wir in den Gewohnheiten der Kriegsführung! Wenn ganze Nationen oder große Gruppen von Menschen in einer Art und Weise handeln, die nicht mit dem Göttlichen Plan der Natur in Einklang steht, sind sie gezwungen, ihre Gewohnheiten zu durchbrechen, sei es durch einen Krieg oder andere, ähnlich verstörende Umstände, etwa wirtschaftliche

Krisen oder Seuchen. So werden sie wieder auf einen Weg geführt, der dem ultimativen Masterplan der Natur besser entspricht.

Damit will ich keine Rechtfertigung für einen Krieg liefern! Nein, ich klage damit vielmehr die Unkenntnis eines Gesetzes an, das, würde es allgemein verstanden und respektiert, Kriege unnötig und unmöglich machen würde! Kriege entstehen durch Missverhältnisse in den Beziehungen der Menschen! Diese Missverhältnisse sind das Ergebnis der negativen Gedanken dieser Menschen, die sich so lange ausbreiten konnten, dass sie geradezu übermächtig wurden. Der Geist einer Nation ist nichts anderes als die Gesamtsumme der vorherrschenden Denkgewohnheiten ihrer Bürger.

Dasselbe gilt für die einzelne Person. Auch der Geist jedes Einzelnen wird von seinen vorherrschenden Denkmustern bestimmt. Die meisten Menschen befinden sich ihr Leben lang auf die eine oder andere Weise im Krieg – sei es mit ihren eigenen widersprüchlichen Gedanken und Gefühlen oder in ihren familiären, beruflichen und sozialen Beziehungen.

Wenn Sie diese Tatsache anerkennen, werden Sie die wahre Macht und die Vorteile erkennen, die allen zuteil werden, die nach der Goldenen Regel leben, denn *diese großartige Regel wird Sie vor den Kriegsschlachten mit dem eigen Ich bewahren.*

Sie werden auch besser den wahren Nutzen und die Vorteile eines eindeutigen Lebenszieles verstehen, denn sobald dieses Ziel durch Ihre Denkgewohnheiten in Ihrem Bewusstsein fest verankert ist, wird die kosmische Macht der Gewohnheit sich seiner annehmen und es *mit Hilfe von allen verfügbaren praktischen Mitteln* zu seinem logischen Abschluss führen.

Die kosmische Macht der Gewohnheit suggeriert den Menschen weder, was sie sich wünschen, noch ob ihre Denkgewohnheiten positiv oder negativ sein sollen. Sie reagiert aber auf diese Denkgewohnheiten, indem sie ihnen unterschiedliche Beständigkeit verleiht, ihnen durch Inspiration und Motivation zu Handlungen verhilft und sie so in ihr greifbares Gegenstück verwandelt.

Sie festigt nicht nur die Denkgewohnheiten jedes Einzelnen, sondern – anhand des Musters ihrer vorherrschenden Gedanken – auch die ganzer Gruppen und Menschenmassen. So begannen beispielsweise die Menschen weltweit bereits kurz nach Ende des Ersten Weltkrieges vom »nächsten Krieg« zu sprechen. Diese Gedanken verwirklichten sich schließlich.

Auf ganz ähnliche Weise werden Krankheiten herbeigedacht und herbeigeredet. Wenn das Gesundheitsamt einer Stadt Plakate aufhängt, die die Menschen mit großen roten Buchstaben dazu auffordern, ein wachsames Auge auf Symptome der Masern, Diphtherie oder irgendeiner anderen Krankheit zu haben, ist eine Epidemie die nächste gedankliche Manifestation und wird mit ziemlicher Sicherheit auch eintreten.

Dies trifft hier natürlich auch auf Einzelpersonen zu, die ständig an Krankheiten denken und davon sprechen. Zunächst wird man sie als Hypochonder ansehen, die unter einer eingebildeten Krankheit leiden. Aber wenn diese Einbildung zur Gewohnheit wird, werden schließlich erste Symptome auftreten – dafür sorgt die kosmische Macht der Gewohnheit, die das Denkmuster auffängt und umsetzt!

Es ist ein trauriges Zeugnis für die menschliche Intelligenz, dass drei Viertel aller Menschen, die die Vorteile eines freien Lebens genießen könnten, ihr gesamtes Leben in Armut und Entbehrungen verbringen. Der Grund dafür ist jedoch leicht nachvollziehbar, wenn wir das Wirkungsprinzip der kosmischen Macht der Gewohnheit erkennen.

Armut ist die direkte Folge eines *Armutsbewusstseins.* Es entsteht, wenn wir in Vorstellungen der Armut denken, Furcht vor Armut haben oder oft über Armut reden. Man kann sich nur schwer vorstellen, dass Henry Ford in Begriffen der Armut oder an negative Dinge dachte, die er sich gar nicht wünschte! Er lebte auf der anderen Seite dieser Straße, gegenüber von all den Dingen, die er sich nicht wünschte, und er überquerte sie nie.

Die Welt denkt und spricht schon seit so langer Zeit von Krebs als einer unheilbaren Krankheit, dass die kosmische Macht der Gewohnheit dieses Gedankenmuster so sehr gefestigt hat, dass es schwer ist, es zu durchbrechen. Aber es wird eine Zeit kommen, in der besser ausgebildete Menschen beginnen werden, Gedankenmuster zu entwickeln, die als Heilmittel dieser Krankheit dienen können.

Eine stabile Gesundheit ist das Ergebnis eines sorgfältig kultivierten *Gesundheitsbewusstseins.* Wer sich Wohlstand wünscht, muss sein Unterbewusstsein nur anweisen, diesen Überfluss zu schaffen. Dadurch entwickelt er ein *Wohlstandsbewusstsein,* und bald wird er feststellen, wie schnell sich seine finanzielle Situation verbessert.

Am Anfang steht stets das *Bewusstsein* dessen, was wir uns wünschen. Ihm folgt die greifbare oder geistige Manifestation dieser Wünsche. Für die Entwicklung Ihres Bewusstseins sind Sie ganz allein verantwortlich. Sie selbst müssen es durch Ihre täglichen Gedanken, oder, falls Ihnen diese Formulierung lieber ist, durch Meditation schaffen. Durch diese Vorgehensweise sind wir in der Lage, uns mit keiner geringeren Kraft als der der Schöpfung selbst zu verbinden.

Ein großer Philosoph hat einmal gesagt: »Ich bin zu dem Schluss gekommen, dass das Hinnehmen von Armut oder das Hinnehmen einer schwachen Gesundheit das offene Bekenntnis eines mangelnden Glaubens ist.« Wir sprechen oft von unserem Glauben, unserem Vertrauen in eine gute Zukunft, aber unsere Taten und Gedanken strafen diese Worte Lügen. Der Glaube ist ein Geisteszustand, der allein durch aktive Handlung Beständigkeit erlangen kann. Glauben allein genügt nicht.

Das Gesetz der kosmischen Macht der Gewohnheit ist eine Schöpfung der Natur. Es ist der einzige universelle Grundsatz, der die Ordnung, das System und die Harmonie aller Vorgänge im Universum bestimmt, vom größten Stern am Himmel bis zu den kleinsten Atomen der Materie. Diese Kraft ist den Schwachen ebenso zugänglich wie den Starken, den Armen ebenso wie den Reichen, den Kranken ebenso wie den Gesunden. In diesem Gesetz liegt die Lösung für alle Probleme des Menschen.

Das wichtigste Ziel der Prinzipien unserer Erfolgsphilosophie ist es, dem einzelnen zu helfen, sich die kosmische Macht der Gewohnheit durch Selbstdisziplin nutzbar zu machen, indem er seine Denkgewohnheiten selbst gestaltet.

An dieser Stelle will ich Ihnen die Prinzipien unserer Erfolgsphilosophie noch einmal vor Augen führen, damit Sie ihre Verbindung mit der kosmischen Macht der Gewohnheit besser verstehen. Dabei sollten Sie besonders beachten, wie eng diese Prinzipien miteinander verwoben sind und wie sie sich dadurch in jenen Schlüssel verwandeln, der jedem Menschen die Tür zur Lösung all seiner Probleme öffnet.

1. Die Angewohnheit, freiwillig mehr zu leisten, als verlangt wird

Diesem Prinzip wurde der erste Platz eingeräumt, da es uns Menschen hilft, den Geist darauf einzustellen, nützliche Dienste zu leisten.

2. Eindeutige Zielsetzung

Mit einer eindeutigen Zielsetzung gelingt es Ihnen, das Prinzip, freiwillig mehr zu leisten, als man von Ihnen verlangt, in die richtige Richtung zu lenken – eine Richtung, die sicherstellt, dass Sie Ihr wichtigstes Ziel im Leben auch erreichen.

Allein diese beiden Prinzipien können jeden auf der Leiter des Erfolges bereits sehr weit nach oben bringen. Wer aber nach den ganz hohen Zielen strebt, wird auf seinem Weg viel Hilfe brauchen. Diese Hilfe steht ihm durch die Anwendung des dritten Prinzips offen.

3. Das Mastermind-Prinzip

Durch die Anwendung dieses Prinzips erhalten wir eine neue, stärkere Kraft, die dem Geist eines einzelnen Menschen niemals offenstünde, da sie persönliche Schwächen überbrückt. Durch die Anwendung dieses Prinzips versorgt sie den Einzelnen, falls nötig, mit dem vereinten Wissen der Menschheit, das im Laufe der Jahrtausende gesammelt wurde.

4. Angewandter Glaube

Durch dieses Prinzip können wir uns mit der Kraft der Unendlichen Intelligenz verbinden. Dieser Vorzug bringt allerdings nur demjenigen einen Gewinn, der seinen Geist darauf vorbereitet hat, sie in sich aufzunehmen. Sobald wir nämlich beginnen, unseren eigenen Geist wirklich umfassend zu nutzen und alle unsere Ängste, Sorgen und Zweifel zu überwinden, begreifen wir, dass wir eins mit der Quelle aller Kräfte sind.

Diese vier Prinzipien werden zu Recht als die *Großen Vier* bezeichnet, da sie uns mehr Kraft schenken können, als der durchschnittliche Mensch braucht, um die höchste Stufe des persönlichen Erfolges zu erreichen. Sie sind jedoch nur für die wenigen unter uns von Nutzen, die auch über die anderen Eigenschaften verfügen, die für den persönlichen Erfolg nötig sind.

5. Sympathische Persönlichkeit

Eine sympathische Persönlichkeit ermöglicht es uns, uns selbst und unsere Ideen besser zu verkaufen. Daher ist sie essentiell für alle, die einen maßgeblichen Einfluss in einer Mastermind-Verbindung ausüben wollen. Sehen Sie sich daher genau an, wie die vier vorangehenden Prinzipien Ihnen ganz leicht zu einer freundlichen Ausstrahlung verhelfen können.

Diese fünf Prinzipien können uns zwar enorme persönliche Macht verschaffen, aber auch sie reicht nicht aus, um uns vor Rückschlägen zu schützen – und wir haben im Leben schließlich alle häufiger mit Rückschlägen zu kämpfen. Daher ist es wichtig, dass wir auch das sechste Prinzip verstehen und anwenden.

6. Die Angewohnheit, aus Rückschlägen zu lernen

Beachten Sie, dass dieses Prinzip mit dem Wort *Angewohnheit* beginnt. Dies bedeutet, dass es uns in Fleisch und Blut übergehen muss und wir es im Falle eines jeden Misserfolges anwenden müssen. Dieses Prinzip gibt uns wieder Hoffnung und macht uns Mut für einen Neuanfang, nachdem unsere Pläne durchkreuzt wurden, denn das wird uns allen früher oder später passieren.

Sie sehen, wie stark sich die Quelle des persönlichen Erfolges durch die Anwendung dieser sechs Prinzipien erweitern kann. Durch sie erkennen wir, wohin uns unser Weg im Leben führen soll. Durch sie können wir uns der freundschaftlichen Zusammenarbeit aller gewiss sein, deren Hilfe wir zum Erreichen unseres Zieles benötigen. Durch sie entwickeln wir die Kunst, die Quelle der Unbegrenzten Intelligenz anzuzapfen und ihre Macht durch angewandten Glauben einzusetzen; und wir lernen, aus den Stolpersteinen unserer vermeintlichen Niederlagen Sprungbretter zum Erfolg zu machen. Dennoch wird es bei unserem Streben nach den höchsten Stufen des persönlichen Erfolges immer wieder Zeiten geben, in denen wir auf die Vorzüge des siebten Prinzips angewiesen ist.

7. Schöpferische Fantasie

Dieses Prinzip befähigt uns, einen Blick in die Zukunft zu werfen, sie in direktem Vergleich mit der Vergangenheit zu bewerten und durch unsere Vorstellungskraft bessere Pläne für die Erfüllung neuer Hoffnungen und Ziele zu schmieden. Dadurch entdecken wir – vielleicht zum allerersten Mal – unseren sechsten Sinn und beginnen, mit seiner Hilfe aus jener Weisheit zu schöpfen, die nicht durch das in Büchern festgehaltene Wissen der menschlichen Erfahrung zugänglich ist. Um sicherzustellen, dass wir diesen Vorteil auch praktisch anwenden, müssen wir uns das achte Prinzip zu Eigen machen und anwenden:

8. Eigeninitiative

Dieses Prinzip bringt uns zum Handeln und treibt uns an, bis wir unser festes Ziel erreichen. Es schützt uns vor den destruktiven Angewohnheiten des Zögerns, der Gleichgültigkeit und der Faulheit. Wie wichtig dieses Prinzip ist, sehen wir, wenn wir es in Verbindung mit den sieben vorangehenden Prinzipien als *Gewohnheitsmacher* betrachten, denn ohne Eigeninitiative kann keines dieser Prinzipien zur Gewohnheit werden. Die große Bedeutung dieses Prinzips wird noch deutlicher, wenn wir uns bewusst werden, dass es die einzige Möglichkeit darstellt, das Einzige, worüber uns unser Schöpfer die vollkommene Kontrolle gegeben hat, auch voll und ganz zu steuern: die Kraft unserer

Gedanken. Gedanken ordnen und leiten sich nicht selbst. Sie brauchen Führung, Inspiration und Hilfe, und die können wir ihnen nur durch Eigeninitiative geben.

Aber Eigeninitiative findet manchmal nicht den richtigen Weg. Sie benötigt daher zusätzliche Führung, die uns durch das neunte Prinzip zur Verfügung steht:

9. Gewissenhaftes Nachdenken

Gründliches Nachdenken schützt uns nicht nur vor fehlgeleiteter Eigeninitiative, sondern auch vor Fehleinschätzungen, Vermutungen und voreiligen Entscheidungen. Außerdem schützt es uns vor dem Einfluss unserer schwankenden Gefühle, die wir durch die Kraft unserer Vernunft, unseren *Kopf*, verändern können.

Jeder, der sich auf diese neun Prinzipien konzentriert, wird bald feststellen, dass eine immense Kraft in ihm wohnt. Diese persönliche Kraft entwickelt sich aber nicht selten zu einer Gefahr, wenn sie nicht durch die Anwendung des zehnten Prinzips kontrolliert und gesteuert wird.

10. Selbstdisziplin

Selbstdisziplin bekommt man nicht durch einfaches Bitten, wenn man sie gerade mal benötigt. Sie ist das Ergebnis sorgfältig entwickelter und angewandter Gewohnheiten, die wir uns oft nur durch lange Jahre mühevoller Anstrengungen aneignen können. Wir sind nun an dem Punkt angelangt, an dem die Kraft unseres Willens in Taten umgesetzt werden muss, denn Selbstdisziplin ist ein reines Produkt des Willens.

Unzählige Menschen haben durch die Anwendung der vorausgehenden neun Prinzipien bereits große Macht erlangt, nur um dann eine Katastrophe zu erleben oder andere mit in den

Abgrund zu reißen, weil sie diese Macht nicht mit der nötigen Selbstdisziplin ausübten. Wenn wir dieses Prinzip jedoch beherrschen und anwenden, erhalten wir die vollkommene Kontrolle über unseren größten Feind – uns selbst!

Selbstdisziplin muss mit der Anwendung des elften Prinzips beginnen:

11. Konzentration auf ein Ziel

Auch die Kraft der Konzentration ist ein Produkt des Willens. Sie ist sehr eng mit der Selbstdisziplin verknüpft. Konzentration schützt uns davor, unsere Energie zu verschwenden, und sie hilft uns dabei, unseren Geist auf unser festes Ziel zu fokussieren – bis es von unserem Unterbewusstsein übernommen und dort durch das Gesetz der kosmischen Macht der Gewohnheit auf die Verwandlung in sein greifbares Gegenstück vorbereitet wird. Die Kamera der Fantasie hält in unserem Unterbewusstsein alle Einzelheiten unserer Ziele und Pläne exakt fest, und daher ist sie unerlässlich.

Doch auch diese elf Prinzipien reichen nicht für alle Lebenslagen aus, denn es gibt Zeiten, in denen wir auf die freundschaftlichen Kontakte zu anderen Menschen angewiesen sind, etwa zu Geschäftskunden, zu Klienten oder auch zu Auftraggebern. Daher benötigen wir das zwölfte Prinzip.

12. Zusammenarbeit mit anderen Menschen

Die Zusammenarbeit mit anderen Menschen unterscheidet sich vom Mastermind-Prinzip. Es muss sich dabei nicht um ein intensives Bündnis mit anderen handeln, um ein bestimmtes Ziel zu erreichen.

Ohne die Zusammenarbeit mit anderen Menschen kann jedoch niemand die höchsten Stufen des persönlichen Erfolges erreichen. Sie ist die wichtigste Methode, um sich einen Platz in den Köpfen seiner Mitmenschen zu sichern, oder anders ausgedrückt, deren *Wohlwollen*. Durch freundliche Zusammenarbeit verwandelt ein Ladeninhaber seine Kunden in Stammkunden und stellt sicher, dass sie ihm dauerhaft ihr Vertrauen schenken. Daher gehört auch dieses Prinzip zweifellos zur Philosophie eines erfolgreichen Menschen, ganz egal, welchem Beruf er auch nachgehen mag.

Wir können andere Menschen leichter von uns und unseren Zielen überzeugen, wenn wir das dreizehnte Prinzip umsetzen:

13. Begeisterung

Begeisterung ist eine ansteckende geistige Einstellung, die uns nicht nur dabei hilft, andere für eine Zusammenarbeit zu gewinnen, sondern auch – und das ist noch wichtiger – aus der Kraft unserer Fantasie zu schöpfen. Sie inspiriert uns durch Eigeninitiative zum Handeln und führt zur Angewohnheit der Konzentration auf ein Vorhaben. Darüber hinaus ist sie eine der wichtigsten Eigenschaften einer freundlichen Persönlichkeit und macht es uns leicht, das Prinzip, freiwillig mehr zu leisten, als verlangt wird, zu befolgen. Zusätzlich zu all diesen Vorteilen, verleiht Begeisterung unseren Aussagen Nachdruck und Überzeugungskraft. Begeisterung setzt ein *Ziel* voraus, aber sie lässt sich ohne das vierzehnte Prinzip nur schwer aufrecht erhalten:

14. Das Gesundheitsbewusstsein

Ein gesunder Körper bildet das beste Zuhause für einen aktiven Geist. Gesundheit ist daher für dauerhaften Erfolg unerlässlich – wenn wir annehmen, dass mit *Erfolg* auch alle Voraussetzungen für Zufriedenheit gemeint sind. Auch hier ist die *Angewohnheit* wieder von entscheidender Bedeutung, denn gute Gesundheit beginnt mit einem *Gesundheitsbewusstsein*, und das können wir nur durch die richtigen Lebensgewohnheiten entwickeln und durch Selbstdisziplin erhalten.

Gute Gesundheit bildet die Grundlage für Begeisterung. Begeisterung wiederum fördert die Gesundheit. Die beiden sind also, sozusagen, wie das Huhn und das Ei: Niemand weiß, was zuerst da war, aber jeder weiß, dass das eine für die Entstehung des anderen essentiell ist. Mit der Gesundheit und der Begeisterung verhält es sich ebenso. Beide sind unerlässlich für das menschliche Glück.

15. Sorgsamer Umgang mit Zeit und Geld

Oh, welche Kopfschmerzen es uns doch bereitet, wenn das Thema *Zeit und Geld sparen* auch nur erwähnt wird. Wer wünscht sich nicht, so viel Zeit und Geld zur Verfügung zu haben, wie er nur will! Aber wer will schon beides sorgfältig einteilen müssen? Doch Unabhängigkeit und geistige sowie körperliche Freiheit – die großen Sehnsüchte der Menschheit – können auf Dauer niemals erreicht werden ohne Selbstdisziplin und einen strengen Haushaltsplan. Daher ist dieses Prinzip ein wichtiger Teil der Philosophie des persönlichen Erfolges.

Wir nähern uns nun den letzten Schritten, die uns zum Erreichen persönlicher Macht führen. Wir haben die Quellen der Macht kennengelernt und wissen nun, wie wir sie erschließen und nach Belieben zur Verwirklichung all unserer Ziele einsetzen können. Diese Kraft ist so groß, dass sich ihr nichts widersetzen kann – solange wir sie nicht unklug einsetzen, das heißt selbstzerstörerisch oder zum Schaden anderer. Da wir also eine Anleitung brauchen, um diese Kraft verantwortungsvoll einzusetzen, müssen wir auch das sechzehnte Prinzip hinzufügen:

16. Die Anwendung der goldenen Regel

Beachten Sie, dass die Betonung hier auf dem Wort *Anwendung* liegt. Nur an die Zuverlässigkeit der Goldenen Regel zu glauben, reicht nämlich nicht aus. Um dauerhaft von Nutzen zu sein und als zuverlässiger Führer beim Einsetzen unserer persönlichen Kraft dienen zu können, muss sie uns bei allen zwischenmenschlichen Beziehungen zur Gewohnheit werden. Eine ganz schöne Herausforderung! Aber die Vorzüge, die Sie durch die Anwendung dieser tiefgreifenden Regel in Ihren Beziehungen zu anderen Menschen erleben werden, sind die Mühen wert. Falls Sie diese Regel aber nicht anwenden, werden Sie so viele Verluste erleiden, dass ich sie hier nicht alle einzeln aufzählen kann.

Was uns jetzt noch fehlt, ist eine Möglichkeit, uns diese Kraft für den Rest unseres Lebens zu erhalten. Wir werden unsere Erfolgsphilosophie daher nun mit dem einzigen Prinzip, durch das uns dies gelingen kann, krönen. Es ist das siebzehnte und letzte Prinzip dieser Philosophie:

17. Die kosmische Macht der Gewohnheit

Die kosmische Macht der Gewohnheit ist das Prinzip, das alle Gewohnheiten festigt und ihnen unterschiedliche Dauerhaftigkeit gibt. Wie bereits erwähnt, ist es das ordnende Prinzip der gesamten Philosophie, in das sich alle vorangehenden sechzehn Prinzipien einfügen und mit ihm verschmelzen. Es lenkt alle Naturgesetze des Universums. Es steuert das Unterbewusstsein bei der Schaffung eines *Wohlstandsbewusstseins*, das so wichtig für den persönlichen Erfolg ist.

Nur das reine Verstehen der sechzehn vorangehenden Prinzipien wird niemandem dabei helfen, erfolgreich zu werden. Die Prinzipien müssen natürlich verstanden werden, aber noch viel wichtiger ist es, sie zu strikten Gewohnheiten zu machen. Gewohnheiten entstehen allein durch die kosmische Macht der Gewohnheit.

Die kosmische Macht der Gewohnheit ist wie ein großer Fluss des Lebens, denn beide haben, wie alle Formen von Energie, positives und negatives Potenzial. Die negative Form will ich *einschläfernder Rhythmus* nennen, da sie eine monotone, nahezu hypnotisierende Wirkung auf uns alle ausübt. Nur durch den *einschläfernden Rhythmus* kann etwa ein *Armutsbewusstsein* zur festen Gewohnheit werden! Durch diesen Rhythmus entwickeln wir Gefühle wie Angst, Neid, Gier, Hass, Hoffnungslosigkeit und eine alltägliche Gleichgültigkeit. Dieser Rhythmus stärkt solche negativen Empfindungen, und das so lange, bis sie zu festen Gewohnheiten werden. Er verursacht auch die Hypochondrie, durch die Millionen von Menschen ihr Leben lang unter eingebildeten Krankheiten leiden. Außerdem führt er zur Entwicklung des *Versagensbewusstseins*, das das Selbstbewusstsein unzähliger Menschen untergräbt. Kurz gesagt, er festigt sämtliche negativen Gewohnheiten, ganz gleich welcher Art. Man könnte ihn daher auch als das *Versagensufer* des großen Flusses des Lebens bezeichnen.

Das *Erfolgsufer* dieses Flusses – die positive Seite – festigt hingegen alle konstruktiven Gewohnheiten. Etwa die Angewohnheit, sich eindeutige Ziele zu setzen, die Angewohnheit mehr zu leisten, als verlangt wird, die Angewohnheit der Anwendung der Goldenen Regel in allen zwischenmenschlichen Beziehungen und alle anderen Angewohnheiten, die wir entwickeln müssen, um die Vorzüge der sechzehn weiteren Prinzipien dieser Philosophie genießen zu können.

Schauen wir uns noch ein Mal genau das Wort *Gewohnheit* an. Die Nachschlagewerke liefern verschiedene Definitionen, unter anderem: »Gewohnheit bedeutet eine gefestigte Haltung durch Wiederholung.« Aber keine kommt auch nur in die Nähe einer Beschreibung jenes Gesetzes, dass alle Gewohnheiten festigt. Diese Auslassung liegt zweifellos darin begründet, dass das Gesetz der kosmischen Macht der Gewohnheit den Herausgebern dieser Bücher nicht bekannt ist.

Wir bemerken jedoch ein wichtiges, ja entscheidendes Wort in der zitierten Definition: *Wiederholung*. Es ist so wichtig, weil es beschreibt, womit jede Gewohnheit beginnt. Eine eindeutige Zielsetzung wird nämlich nur zur Gewohnheit, wenn wir unser Ziel in Gedanken immer wieder vor uns sehen und uns diesen Gedanken ständig ins Gedächtnis zurückrufen. Wir müssen ihn uns mit einem brennenden Verlangen nach Erfüllung *wiederholt* ins Bewusstsein rufen, bis unsere Vorstellungskraft einen praktischen Plan erschaffen hat, durch den wir uns diesen Wunsch erfüllen können. Wir müssen die *Gewohnheit* des Glaubens mit diesem Wunsch verbinden – und dies so häufig und so eindringlich, dass wir uns bereits am Ziel unserer Wünsche sehen, *noch bevor wir es überhaupt erreicht haben.*

Um freiwillig positive Gewohnheiten zu entwickeln, erfordert es Selbstdisziplin, Ausdauer, Willenskraft und Glauben; diese Stärken kann jeder entwickeln, der die sechzehn vorhergehenden Prinzipien dieser Philosophie verinnerlicht. Die freiwillige Entwicklung von Gewohnheiten ist Selbstdisziplin in ihrer höchsten, edelsten Form!

Alle freiwilligen positiven Gewohnheiten sind das Ergebnis einer Willenskraft, die auf das Erreichen eines bestimmten Zieles gerichtet ist. *Sie entstehen in uns selbst, nicht durch die kosmische Macht der Gewohnheit.* Sie müssen durch stetig wiederholte Gedanken und Taten gestützt werden, bis die kosmische Macht der Gewohnheit sie übernimmt und festigt. Erst danach funktionieren sie von selbst. Und nur so können wir erreichen, was wir uns wünschen und zu dem Menschen werden, der wir sein möchten.

Das wichtigste Ziel jedes einzelnen der sechzehn vorangehenden Prinzipien dieser Philosophie ist es, uns dabei zu helfen, eine spezielle Gewohnheit zu entwickeln, die wir benötigen, um *die vollständige Kontrolle über unseren eigenen Geist zu erlangen!* Auch dieses Verlangen muss uns zur Gewohnheit werden!

Die Kraft unseres Geistes ist stets aktiv auf eines der beiden Ufer des Stroms des Lebens ausgerichtet. Ziel dieser Erfolgsphilosophie ist es, uns dazu zu befähigen, Denk- und Handlungsgewohnheiten zu entwickeln, durch die unser Geist stets auf das *Erfolgsufer* dieses Stroms ausgerichtet bleibt.

Um diese Philosophie nutzen zu können, müssen wir – wie für alle erstrebenswerten Dinge auch – einen festen Preis zahlen. Dieser Preis besteht unter anderem in unablässiger Aufmerksamkeit, Entschlossenheit und Beharrlichkeit und aus dem Willen, selbst über die Bedingungen zu bestimmen, unter denen man leben möchte und sich niemals mit Armut, Elend und Enttäuschungen abzufinden.

Man kann sich dem Leben auf zweierlei Arten stellen. Die eine Möglichkeit ist, dass wir das Pferd sind, auf dem das Leben reitet. Die andere ist, selbst in den Sattel zu steigen und der Reiter des Lebens zu sein. Jeder Mensch besitzt das Privileg, dies selbst entscheiden zu können. Eines steht zweifelsfrei fest: Wer sich nicht dafür entscheidet, der Reiter seines eigenen Lebens zu werden, dem bleibt es nicht erspart, zum Pferd zu werden. Das Leben reitet oder wird geritten, aber es steht niemals still.

Das *Ego* und die kosmische Macht der Gewohnheit

Leider stehen die wichtigen Themen dieses Buches nicht auf dem Lehrplan unserer staatlichen Schulen. Niemand unterrichtet, wie man die Kraft seiner Gedanken in Wirklichkeit verwandelt oder wie man harmonische Beziehungen zu anderen Menschen aufbaut.

»Unser Schulsystem«, so Dr. Henry C. Link, »hat sich immer auf die geistige Entwicklung konzentriert und dabei vollkommen vernachlässigt, den Schülern verständlich zu machen, wie sich unsere emotionalen und persönlichen Gewohnheiten entwickeln oder verändern lassen.«

Sein Vorwurf entbehrt nicht einer vernünftigen Grundlage: Das öffentliche Schulsystem – nicht nur in der USA – hat in dieser Hinsicht tatsächlich versagt, denn das kosmische Gesetz der Macht der Gewohnheit ist immer noch kaum bekannt, und nur wenige Lehrer erkennen es überhaupt an. Dabei weiß jeder, dass praktisch alles, was wir tun – von dem Moment an, wo wir anfangen zu laufen – das Ergebnis einer Gewohnheit ist. Laufen und Sprechen sind Gewohnheiten. Wie wir essen und trinken ist eine Gewohnheit. Unsere sexuellen Praktiken sind das Resultat einer Gewohnheit. Auch unsere Beziehungen zu anderen Menschen, egal ob sie positiv oder negativ sind, lassen sich auf Gewohnheiten zurückzuführen. Dennoch können nur die wenigsten erklären, warum oder wie unsere Gewohnheiten entstehen.

Gewohnheiten sind untrennbar mit dem menschlichen Ego verbunden. Das Wort *Ego* ist lateinischen Ursprungs und bedeutet *Ich*. Doch was ist dieses *Ich* eigentlich? Um das zu ergründen, müssen wir uns zuerst bewusst machen, dass unser Glaube und alle anderen Geisteszustände allein durch unser Ego ausgelöst werden.

In meiner Erklärung dieser Philosophie des Erfolges habe ich stets betont, wie wichtig eine Unterscheidung zwischen passivem und aktivem Glauben ist. Durch unser Ego vollführen wir all unsere Handlungen. Daher ist es wichtig, dass wir etwas über sein Wesen und seine Möglichkeiten erfahren, um es uns so gut wie möglich nutzen zu können.

Wir müssen lernen, wie wir unser Ego zum Handeln anregen und es so steuern, dass es uns zur Verwirklichung unserer Ziele führt. Das Wort *Ego* bezieht sich auf alle Elemente unserer Persönlichkeit! Es ist daher offensichtlich, dass wir unser Ego durch Gewohnheiten formen und leiten können; Gewohnheiten, die wir bewusst und mit Bedacht entwickeln.

Ein bedeutender Philosoph, der sein gesamtes Leben dem Studium des menschlichen Körpers und Geistes gewidmet hatte, gab uns einmal mit den folgenden Worten eine praktische Grundlage für das Verständnis des Egos an die Hand: »Dein Körper, egal ob lebendig oder tot, ist eine Ansammlung von Millionen kleiner Energien, die niemals sterben können. Diese Energien sind voneinander getrennt und besitzen ihre eigenen Merkmale; zeitweise agieren sie jedoch in einer gewissen Harmonie. Der menschliche Körper ist ein wandelnder Mechanismus des Lebens. Er ist zwar dazu in der Lage, aber nicht daran gewöhnt, die Kräfte in seinem Inneren zu kontrollieren. Nur durch Gewohnheit, starken Willen, Bildung und besondere Begeisterung können wir diese Kräfte steuern, um ein wichtiges Ziel zu verwirklichen.

Wir treiben träge durch die Gelegenheiten, die uns jeder Tag unseres Lebens schenkt, und die Chancen, zu einem besseren Menschen zu werden, schweben aus unserer Reichweite und ziehen vorbei. Die Grenze zwischen Erfolg und Versagen verläuft dort, wo zielloses Treiben endet und man sich klare Ziele setzt. Wenn man einen Moment lang nachdenkt, *wird man überrascht feststellen, wie oft man sich im Leben einfach nur hat treiben lassen.*

Egal welches Lebewesen der Schöpfung man auch betrachtet, man wird schnell erkennen, wie sehr es sich anstrengt, um sich frei zu entfalten. Ein Baum streckt seine Äste in Richtung des Sonnenlichts, atmet durch seine Blätter die Luft ein und lässt selbst unterirdisch seine Wurzeln nach Wasser und Mineralien suchen, die er zur Nahrungsaufnahme braucht. Dies nennen wir unbelebtes Leben, aber es ist Ausdruck einer Kraft, die aus einer bestimmten Quelle stammt und ein eindeutiges Ziel verfolgt.

Es gibt auf diesem Planeten nicht einen Ort, an dem sich keine Energie fände. Die Luft ist so erfüllt davon, dass der Himmel im kalten Norden von den Strahlen des Nordlichts erleuchtet wird; und wo immer eisige Temperaturen auf Wärme treffen, beeindrucken die mächtigen elektrischen Entladungen den Menschen. Wasser ist nichts anderes als eine Vereinigung aus flüssigen Gasen, doch es ist mit elektrischen, mechanischen und chemischen Energien geladen. Jede einzelne dieser Energien kann den Menschen große Dienste leisten, aber auch großen Schaden zuzufügen. Selbst in seiner kältesten Form, als gefrorenes Eis, trägt es Energie in sich, und die steht niemals still: Die Kraft des Eises kann mächtige Felsen zersprengen. Die Energien um uns herum nehmen wir mit dem Wasser, der Nahrung und der Atemluft in uns auf. Kein einziges chemisches Molekül ist frei von Energie. Kein Atom kann ohne sie existieren. Wir alle sind eine Kombination aus unzähligen verschiedenen Energien.«

Der Mensch besteht aus zwei Kräften: einer greifbaren und einer ungreifbaren. Die greifbare Kraft ist sein Körper mit seinen Milliarden von Zellen, von denen jede einzelne mit Intelligenz und Energie ausgestattet ist. Die ungreifbare Kraft ist sein Ich, der formlose Beherrscher seines Körpers, der seine Gedanken und Handlungen kontrolliert.

Dank der Wissenschaft wissen wir, dass ein Mensch aus etwa sechzehn chemischen Elementen besteht, die uns alle bekannt sind. Dies sind, geordnet nach ihrer Menge: Sauerstoff, Kohlenstoff, Wasserstoff, Stickstoff, Kalzium, Chlor, Schwefel, Kalium, Natrium, Eisen, Fluor, Magnesium, Silizium sowie geringe Spuren von Arsen, Jod und Aluminium. Diese fassbaren Bestandteile des Menschen sind, rein kommerziell betrachtet, etwa achtzig Cent wert und in jeder Chemiefabrik erhältlich.

Fügt man diesen chemischen Elementen jedoch ein gut entwickeltes, vernünftig gesteuertes Ego hinzu, ist der Preis kaum vorstellbar. Die Kraft des Egos ist allerdings zu keinem Preis zu erwerben.

Der größte Unterschied zwischen einem Menschen, der einen wertvollen Beitrag für die Menschheit leistet, und einem, der einfach nur vor sich hin lebt, liegt im Bereich des Egos, denn das Ego ist die treibende Kraft hinter dem menschlichen Handeln. Wir verfügen über umso mehr Freiheit von Körper und Geist – die größten Wünsche aller Menschen – je weiter wir unser Ego entwickeln und davon Gebrauch machen. Das Ego eines Menschen kann sein größtes Kapital oder seine größte Last sein, je nachdem, welche Beziehung er dazu aufbaut. Es ist die Gesamtsumme all seiner Denkgewohnheiten. Jeder erfolgreiche Mensch besitzt mit Sicherheit ein gut entwickeltes, diszipliniertes Ego, denn erst durch Selbstdisziplin wird es uns möglich, die volle Kraft des Egos für ein bestimmtes Ziel einzusetzen.

Durch Selbstdisziplin oder Selbstbeeinflussung können wir unser Ego auf jede gewünschte Schwingung ausrichten und jedes gewünschte Ziel anvisieren. Wir müssen die volle Bedeutung des Prinzips der Selbstbeeinflussung unbedingt verstehen, denn sie ist sehr wichtig – wenn wir keine Zweifel haben, unser Ziel auch wirklich zu erreichen, unser Erfolg also zum festen Glauben wird, nimmt die Kraft des Egos ein grenzenloses Ausmaß an.

Die Selbstbeeinflussung ist wie ein ständiges Füttern des Egos – nur so bleibt es lebendig und aktiv und erhält immer neue Kraft. Wie der menschliche Körper kann und wird auch das Ego ohne Nahrung nicht überleben. Es muss mit klaren Zielen gefüttert werden. Es muss mit Entschlossenheit gefüttert werden. Es muss mit stetigem Handeln gefüttert werden, das auf gut durchdachten Plänen basiert. Es muss durch Begeisterung gestärkt werden. Es muss durch Selbstdisziplin kontrolliert und gesteuert werden und durch eindeutige Gedanken gestützt werden. Niemand kann irgendetwas beherrschen, solange er nicht auch sein eigenes Ego beherrscht.

Niemand kann es zu Wohlstand bringen, wenn der Großteil der Kraft seiner Gedanken damit beschäftigt ist, sein *Armutsbewusstsein* aufrechtzuerhalten. Das ist kein Widerspruch zur Tatsache, dass viele reiche Menschen aus armen Elternhäusern stammen. Nein, dieser Sachverhalt beweist nur, dass die Angst vor Armut – und auch alle anderen Ängste – besiegbar sind und danach auch nicht mehr schaden können.

Im *Ego* oder *Ich* versammeln sich die Auswirkungen aller Prinzipien des persönlichen Erfolges, die in dieser Philosophie beschrieben werden; hier bündeln sie sich zu einer einzigen Einheit der Macht. Diese Macht kann jeder Mensch, der unumschränkter Herr über sein Ich ist, auf jedes denkbare Ziel ausrichten.

Ich betone noch einmal, weil es so wichtig ist, dass Sie es erkennen: Die größte Kraft, die Ihnen zur Verfügung steht – die Kraft, die bestimmt, ob Sie im Leben Erfolg haben oder versagen werden – ist die Kraft Ihres eigenen Ichs.

Bitte lösen Sie sich von der überholten Vorstellung, die Pflege des Egos sei gleichbedeutend mit Eigenliebe, Eitelkeit und Egoismus. Erkennen Sie stattdessen die Wahrheit an, dass das Ego neben den chemischen Elementen, aus denen sein Körper besteht und die kaum einen Wert haben, das Einzige ist, was einen Menschen ausmacht.

Begierde ist die große kreative Kraft der Menschen. Sie steht zweifellos eng mit dem Ego in Verbindung. Doch sowohl die Begierde – also das leidenschaftliche Verlangen – wie auch das Ego haben einen schlechten Ruf. Das lässt sich sicher auf die Tatsache zurückzuführen, dass wir sie sowohl destruktiv als auch konstruktiv einsetzen können. Dazu kommt, dass beide seit Anbeginn der Menschheit von Menschen ohne Selbstdisziplin missbraucht wurden.

Ein Egoist, der sein Ego auf primitive, charakterlose Weise befriedigt, hat nicht gelernt, es für konstruktive Zwecke einzusetzen. Eine konstruktive Anwendung des Egos erfolgt nicht durch Überheblichkeit oder Eigenliebe. Das Motto aller Menschen, die ihr Ego unter Kontrolle haben, lautet: »Taten statt Worte«.

Der Wunsch, beliebt und anerkannt zu sein, ist äußerst gesund. Wer jedoch öffentlich seine eigene Größe und Bedeutung verkündet, zeigt damit, dass er sein Ego nicht unter Kontrolle hat, sondern dass sein Ego die Kontrolle über ihn hat. Es steht außer Frage, dass die Verkündigung seiner eigenen Bedeutsamkeit nichts weiter ist als der Versuch, Ängste oder einen Minderwertigkeitskomplex zu verschleiern.

Wenn Sie die wahre Natur Ihres Egos verstehen, werden Sie auch die wahre Bedeutung des Mastermind-Prinzips verstehen. Mehr noch, Sie werden erkennen, dass die Mitglieder ihres Mastermind-Bündnisses, wenn sie Ihnen von größtmöglichem Nutzen sein sollen, Ihre Hoffnungen, Ziele und Wünsche voll und ganz unterstützen müssen und bei der Verwirklichung dieser Ziele nicht im Wettbewerb mit Ihnen stehen dürfen. Sie müssen gewillt sein, ihre eigenen Wünsche und Persönlichkeiten der Verwirklichung Ihres wichtigsten Zieles vollkommen unterzuordnen. Sie müssen Vertrauen in Sie und Ihre Integrität haben und Sie respektieren. Sie müssen Ihnen erlauben, Sie selbst zu sein. Im Gegenzug müssen Sie ihnen einen Gewinn in der einen oder anderen Form zukommen lassen, sodass Sie ebenso wertvoll für sie werden wie sie für Sie sind. Wenn diese letzte Bedingung nicht erfüllt wird, verliert das gesamte Mastermind-Bündnis seine Kraft.

Wir gehen Verbindungen zu anderen Menschen stets aufgrund einer Absicht ein. Eine zwischenmenschliche Beziehung, die auf einer nur vagen oder gar keiner Absicht basiert, gibt es nicht. Die Nichtbeachtung dieser Tatsache hat für viele Menschen bereits den Unterschied zwischen Erfolglosigkeit und Wohlstand ausgemacht.

Die Kraft, die von unserem Ego Besitz ergreift und die Gedanken, die ihm seine Gestalt verleihen, in ihre greifbaren Gegenstücke verwandelt, ist die kosmische Macht der Gewohnheit. Diese Macht verleiht dem Ego weder seinen Wert noch seine Größe; sie nimmt sich nur, was sie findet, und verwandelt es in seine physische Entsprechung.

Jeder Mensch kann die Entwicklung seines Egos selbst kontrollieren – und erfolgreiche Menschen achten sehr darauf!. Aber irgendwann kommt er an einen Punkt, an dem er keinen weiteren Einfluss mehr auf das hat, was passieren wird, ähnlich wie ein Bauer auf die Entwicklung der ausgesäten Saat auf seinem Feld.

Damit keine Missverständnisse hinsichtlich der Frage entstehen, was ich mit *einem gut entwickelten Ego* meine, möchte ich die einzelnen Elemente nochmals kurz umreißen, die zu dieser Entwicklung vonnöten sind:

Erstens müssen wir ein Bündnis mit einer oder mehreren Personen eingehen, die ihren Geist zur Verwirklichung unseres festen Zieles in perfekten Einklang mit unserem bringen. Diese Verbindung muss beständig und aktiv sein. Darüber hinaus muss sie aus Menschen bestehen, deren geistige Eigenschaften, Bildung, Geschlecht und Alter für die Verwirklichung des anvisierten Zieles von Nutzen sind. Beispielsweise bestand Andrew Carnegies Mastermind-Verbindung aus über zwanzig Personen, von denen jede einzelne eine besondere geistige Eigenschaft – sei es ihre Erfahrung, ihre Bildung oder ihr Wissen – beisteuerte, die in direktem Zusammenhang mit dem angestrebten Ziel stand und durch kein anderes Mitglied der Gruppe eingebracht werden konnte.

Zweitens müssen wir, sobald wir uns unter den Einfluss geeigneter Partner begeben haben, einen klaren Plan erstellen, der festlegt, wie wir das Ziel unserer Verbindung erreichen wollen. Wir müssen dann beständig daran arbeiten, diesen Plan in die Tat umzusetzen. Dabei kann es sich natürlich auch um einen Gemeinschaftsplan handeln, der zusammen mit allen Mitgliedern der Mastermind-Gruppe entstanden ist. Sollte sich ein Plan als wenig geeignet oder fehlerhaft erweisen, muss er so oft verbessert oder ersetzt werden, bis sich ein neuer, geeigneter Plan herauskristallisiert. Am Ziel des Bündnisses darf sich jedoch nichts ändern.

Drittens müssen wir uns dem Einfluss aller Personen und Umstände entziehen, die uns auch nur das leiseste Gefühl vermitteln, dass wir uns minderwertig oder unfähig fühlen, unser Ziel zu erreichen. In einer negativen Umgebung kann kein positives Ich wachsen. In diesem Punkt können wir keine Ausrede gelten lassen, keine Kompromisse eingehen. Wer sich nicht daran hält, beschwört unheilvolle Folgen für seinen persönlichen Erfolg herauf. Wir müssen die Tür ganz fest vor allen Personen schließen, die einen negativen Einfluss auf uns ausüben, völlig gleich, welche Bande der Freundschaft oder der Verpflichtungen oder welche familiäre Beziehung zwischen uns und ihnen bestehen mögen.

Viertens müssen wir ebenso entschlossen die Tür vor allen Gedanken an vergangene Erfahrungen oder Begebenheiten verschließen, die dazu führen, dass wir uns minderwertig oder unglücklich zu fühlen. Wir können kein starkes, vitales Ego entwickeln, indem wir uns an unangenehme Erinnerungen klammern. Gesunde Egos werden durch Hoffnungen und Wünsche genährt, die sich auf bislang unerreichte Ziele richten.

Gedanken sind nun einmal die Bausteine, aus denen das menschliche Ego errichtet wird. Die kosmische Macht der Gewohnheit ist der Zement, der diese Bausteine durch feste Angewohnheiten dauerhaft zusammenfügt. Das fertige Gebäude setzt sich, bis ins kleinste Detail, aus all den Gedanken zusammen, die in den Bau eingeflossen sind. Als Henry Ford diese Tatsache erkannte, entließ er aus seinem Familienunternehmen jede Person, die nicht mit seiner Unternehmenspolitik übereinstimmte. Auch Andrew Carnegie begriff dies vollkommen und bestand darauf, die Beziehung zwischen sich und den Mitgliedern seiner Mastermind-Gruppe stets absolut harmonisch zu gestalten.

Fünftens müssen wir uns mit allen zur Verfügung stehenden greifbaren Dingen umgeben, durch die sich Wesen und Bestimmung des Egos, das wir entwickeln möchten, regelrecht in unseren Geist einbrennen können. Beispielsweise sollte ein Schriftsteller sein Arbeitszimmer mit Bildern und Arbeiten jener Autoren einrichten, die er auf seinem Gebiet am meisten bewundert. Er sollte seine Regale mit Büchern füllen, die eine Beziehung zu seiner Arbeit haben und sich mit allem umgeben, was seinem Ich das exakte Bild der Persönlichkeit spiegelt, der er ähnlich werden möchte – denn dieses Bild wird die Kosmische Gewohnheit aufnehmen und in seine greifbare Entsprechung verwandeln.

Sechstens befindet sich ein gesund entwickeltes Ego stets unter unserer Kontrolle. *Egomanie* ist eine übermäßige Aufblähung des Egos und kann selbstzerstörerische Folgen haben. Sie äußert sich durch das wahnsinnige Verlangen, andere mit Gewalt kontrollieren zu wollen. Treffende Beispiele sind solche Diktatoren wie Adolf Hitler oder Benito Mussolini.

Wenn Menschen beginnen, nach gewaltsamer Kontrolle über andere zu dürsten oder große Geldsummen anzuhäufen, die sie nicht konstruktiv einsetzen können oder wollen, betreten sie gefährliches Terrain, denn dann wächst die Kraft gemäß ihrer eigenen Regeln und gerät schon bald außer Kontrolle.

Die Natur hat uns mit einem Sicherheitsventil ausgestattet, wenn wir bei der Entwicklung unseres Egos bestimmte Grenzen überschreiten. Emerson nannte dies das Gesetz der Entschädigung, aber was es auch sein mag, es arbeitet mit unerbittlicher Entschlossenheit. Am selben Tag, an dem Napoleon Bonaparte auf der Insel St. Helena landete, begann er, an seinem gebrochenen Ego zu sterben.

Menschen, die in den Ruhstand gehen und sich von allen Aktivitäten zurückziehen, nachdem sie ein abwechslungsreiches

Leben geführt haben, verkümmern oft geradezu und sterben schon kurze Zeit später. Falls sie doch noch länger leben, sind sie für gewöhnlich unzufrieden und unglücklich. Ein gesundes Ich ist stets aktiv und vollkommen unter Kontrolle.

Siebtens verändert sich unser Ego aufgrund der Natur unserer Denkgewohnheiten ständig, sei es zum Guten oder zum Schlechten. Diese Veränderungen werden verursacht durch die Zeit und die kosmische Macht der Gewohnheit.

Der Faktor Zeit ist im Zusammenhang mit der kosmischen Macht der Gewohnheit sehr bedeutend: Wie Samenkörner, die in die Erde gepflanzt werden und eine bestimmte Zeit brauchen, um zu keimen, sich zu entwickeln und zu wachsen, benötigen auch Ideen, Gedankenimpulse und Wünsche, die in unseren Geist eingepflanzt werden, eine bestimmte Zeit, damit die kosmische Macht der Gewohnheit ihnen Leben einhaucht und Tatkraft schenken kann. Die exakte Dauer, bis ein Wunsch in die Wirklichkeit umgesetzt wird, kann man nicht voraussagen. Das Wesen eines Wunsches, seine individuellen Umstände sowie seine Intensität sind natürlich ganz entscheidende Faktoren in Bezug auf die Zeit, die für den Übergang vom gedanklichen ins greifbare Stadium nötig ist. Und jener Geisteszustand, den wir Glauben nennen, wirkt sich sehr beschleunigend auf den Übergang zur greifbaren Entsprechung aus.

Ein Mensch reift körperlich in einem Zeitraum von ungefähr zwanzig Jahren, aber geistige Reife – also die Reifung seines Ichs – dauert zwischen fünfunddreißig und sechzig Jahren. Diese Tatsache erklärt, weshalb Menschen nur selten vor ihrem fünfzigsten Geburtstag materiellen Wohlstand erlangen oder große Erfolge feiern.

Ein Ego, das einen Menschen dazu inspiriert, große materielle Reichtümer anzusammeln und zu erhalten, kann ausschließlich durch Selbstdisziplin geformt werden, und nur durch sie entstehen Selbstvertrauen, eine eindeutige Zielsetzung, Eigeninitiative, Fantasie, gutes Einschätzungsvermögen und andere wichtige Eigenschaften, ohne die kein Ego die nötige Kraft ausbilden kann, um Wohlstand zu erreichen und zu bewahren.

Diese Eigenschaften entstehen durch die richtige Nutzung der Zeit; damit meine ich jedoch nicht, sie entstünden nach Ablauf einer bestimmten Zeitspanne. Es geht um die sinnvolle Nutzung unserer Zeit!

Durch die kosmische Macht der Gewohnheit werden all unsere individuellen Denkgewohnheiten – negative wie positive, Gedanken der Armut wie Gedanken des Überflusses – in das beherrschende Muster unseres Egos eingewoben; dort erhalten sie ihre dauerhafte Gestalt, die das Wesen und das Ausmaß unserer geistigen und körperlichen Verfassung bestimmt.

Zu Beginn der großen Wirtschaftskrise im Jahr 1929 überließ die Besitzerin eines kleinen Schönheitssalons das Hinterzimmer ihres Ladens einem alten Mann, der einen Platz zum Schlafen brauchte. Der Mann hatte kein Geld, aber er verfügte über einumfangreiches Wissen auf dem Gebiet der Kosmetikherstellung.

Die Besitzerin des Salons gab dem verarmten Mann also einen Platz zum Schlafen und die Möglichkeit, für sein Zimmer doch noch zu bezahlen, nämlich indem er die Kosmetika anmischte, die sie in ihrem Laden verkaufte. Bald schon gingen die beiden eine Mastermind-Verbindung ein, die ihnen wirtschaftlichen Erfolg bescheren sollte. Zunächst gründeten sie eine geschäftliche Partnerschaft, bei der die beiden selbst hergestellte Kosmetikprodukte von Haus zu Haus verkaufen wollten; die Frau stellte das Geld zur Verfügung, der Mann erledigte die Arbeit.

Nach einigen Jahren hatte sich ihr Mastermind-Bündnis als so profitabel erwiesen, dass sie sich dazu entschlossen, es durch eine Heirat dauerhaft zu stärken, auch wenn zwischen ihnen ein Altersunterschied von über fünfundzwanzig Jahren bestand. Der Mann war über die Hälfte seines Lebens im Kosmetikgeschäft tätig gewesen, hatte jedoch nie Erfolg gehabt. Auch die junge Frau hatte sich mit ihrem Kosmetiksalon nur mühsam über Wasser halten können. Ihre glückliche Verbindung schenkte ihnen jedoch eine Kraft, die keiner von ihnen je zuvor gekannt hatte, und schon bald folgte auch finanzieller Erfolg.

Etwa acht Jahre nach Beginn ihrer Zusammenarbeit, gegen Ende der Wirtschaftskrise, wurden die Kosmetika, die sie einst von Tür zu Tür angeboten hatten, in einer großen Fabrik produziert. Diese Fabrik hatten sie selbst gekauft und selbst bezahlt, und in ihr fanden einhundert Angestellte Arbeit und über viertausend Vertreter vertrieben ihre Kosmetikprodukte in ganz Amerika. Während dieser Zeit sammelten sie ein Vermögen von über zwei Millionen Dollar an, obwohl sie ihr Geschäft während der Jahre der großen Depression aufgebaut hatten, als Luxusgüter wie Kosmetika logischerweise schwer zu verkaufen waren. Sie hatten ihre finanzielle Freiheit mit exakt demselben Wissen und denselben Möglichkeiten erlangt, über die sie auch vor ihrer Mastermind-Verbindung bereits verfügten, als beide noch in relativer Armut gelebt hatten.

Ich würde gerne die Namen dieser beiden interessanten Menschen preisgeben, aber die Umstände ihrer Verbindung sowie die Analyse, die ich jetzt durchführe, sprechen dagegen. Trotzdem kann ich die Quelle ihres erstaunlichen Erfolges zeigen, indem wir sämtliche Umstände ihrer Beziehung vom Standpunkt eines unvoreingenommenen Analysten aus betrachten, der nur daran interessiert ist, ein exaktes Bild der Fakten zu zeichnen.

Das Motiv, das diese beiden Menschen zu einer Mastermind-Verbindung vereinte, war eindeutig wirtschaftlicher Natur. Der erste Ehemann der Frau war nicht in der Lage gewesen, den nötigen Lebensunterhalt zu verdienen und hatte sie verlassen, als das Kind der beiden noch ganz klein gewesen war. Auch der Mann hatte bereits eine Ehe hinter sich. Es besteht nicht das geringste Anzeichen dafür, dass sie aus Gründen der Liebe heirateten. Das einzige Motiv war beider Wunsch nach finanzieller Unabhängigkeit.

Der Mann, der ernsthaft der Ansicht ist, der Erfolg sei allein ihm zu verdanken, führt sowohl das Unternehmen als auch das elegante Haus, in dem die Familie lebt, sehr autoritär. Das Haus ist teuer eingerichtet, aber niemandem – nicht einmal geladenen Gästen – ist es gestattet, ohne ausdrückliche Einladung des *Herrn* auf dem Klavier zu spielen oder auf einem der Stühle im Wohnzimmer Platz zu nehmen. Das Hauptspeisezimmer ist mit aufwendigen Möbeln ausgestattet, darunter auch ein langer Esstisch, der nur für offizielle Anlässe genutzt werden kann. Es ist der Familie nicht gestattet, auch zu anderen Gelegenheiten daran zu speisen. Die Familie speist im Frühstückszimmer, und bei Tisch darf niemals etwas serviert werden, das der *Herr* nicht selbst ausgewählt hat. Man hat einen Gärtner eingestellt, der sich um den gesamten Garten kümmert, und es ist niemandem erlaubt, ohne die ausdrückliche Erlaubnis des Hausherrn auch nur eine einzige Blume abzuschneiden.

Sämtliche Unterhaltungen der Familie werden vom Herrn des Hauses geführt, und niemand darf ihn unterbrechen, auch nicht, um eine Frage zu stellen, es sei denn, er wird dazu aufgefordert. Auch seine Frau spricht nie ein Wort ohne ausdrückliche Einladung, und wenn sie etwas sagt, fasst sie sich stets kurz und wählt ihre Worte sorgfältig, um den *Herrn* nicht unnötig zu reizen.

Ihr kleines Unternehmen ist zur Aktiengesellschaft umgewandelt worden, der Mann ihr Geschäftsführer. Er sitzt in einem opulenten Büro, das mit einem großen, handgeschnitzten Schreibtisch und dick gepolsterten Stühlen ausgestattet ist. An der Wand, direkt über dem Schreibtisch, hängt ein riesiges Ölgemälde des Mannes, das er manchmal stundenlang mit offensichtlichem Wohlgefallen betrachtet. Wenn er über das Geschäft spricht – besonders, wenn er von den ungewöhnlichen Erfolgen erzählt, die es während der schwersten Krise des Landes feierte – nimmt er sämtliche Lorbeeren für das Erreichte stets für sich selbst in Anspruch. Er erwähnt den Namen seiner Frau im Zusammenhang mit dem Unternehmen kein einziges Mal.

Obwohl die Frau sich noch immer täglich um das Geschäft kümmert, hat sie kein Büro und keinen Schreibtisch. Oft trifft man sie, wenn sie bei den Arbeitern nach dem Rechten sieht oder einem der Mädchen beim Einpacken hilft, und dabei wirkt sie wie eine ganz normale Angestellte.

Der Name des Mannes steht auf jedem Paket, das die Firma verlässt. Er ist in großen Buchstaben auf jedem LKW, in jeder Verkaufsbroschüre und in jeder Werbung der Firma zu lesen. Der Name der Frau ist nirgends zu sehen.

Der Mann glaubt also, er allein habe das Unternehmen aufgebaut und er führe es allein. Er ist der Ansicht, ohne ihn könne es niemals funktionieren. In Wahrheit ist das genaue Gegenteil der Fall: Sein Ego hat das Unternehmen zwar aufgebaut und geleitet, aber es könnte ohne ihn genauso gut oder sogar noch besser laufen. Weshalb? Aus dem einfachen Grund, dass seine Frau sein Ego entwickelt hat, und sie hätte es unter ähnlichen Bedingungen für jeden anderen Mann tun können.

Geduldig, klug und vorausschauend unterwarf die Frau ihre eigene Persönlichkeit vollkommen der seinen. Schritt für

Schritt fütterte sie so sein Ich mit jener Nahrung, die auch das letzte bisschen seines früheren Minderwertigkeitskomplexes verschwinden ließ, der durch ein Leben der Entbehrungen und Niederlagen gewachsen war. Sie hypnotisierte ihren Ehemann förmlich zu der Überzeugung, ein mächtiger Industrieboss sein zu können. Wie das Ego dieses Mannes auch ausgesehen haben mochte, bevor es unter den Einfluss einer klugen Frau geriet – sie belebte sein Ego neu, sie nährte es, fütterte es und baute es trotz seines exzentrischen Wesens und seines Mangels an kaufmännischen Kenntnissen zu einer Kraft von unglaublicher Stärke auf.

In Wahrheit beruhte jede Geschäftsstrategie, jedes geschäftliche Vorhaben und jeder Fortschritt des Unternehmens auf Ideen der Frau, die sie dem Geist ihres Ehemannes auf so clevere Weise einimpfte, dass er die Quelle der Idee nicht erkannte. Tatsächlich ist sie der Kopf des Unternehmens, er hingegen nur die Schaufensterdekoration; aber ihr erstaunlicher wirtschaftlicher Erfolg beweist, dass diese Kombination unschlagbar ist.

Die Art und Weise, in der diese Frau sich selbst vollkommen in den Schatten ihres Mannes stellte, zeugt nicht nur von ihrer überragenden Selbstkontrolle, sondern auch von ihrer Klugheit, denn vermutlich wusste sie, dass sie allein niemals dieselben Erfolge erzielt hätte. Diese Frau hat nur eine sehr kurze schulische Ausbildung genossen, und ich weiß nicht, wie oder wo sie so viel über die Natur des menschlichen Verstandes gelernt hat. Vielleicht war es die natürliche Intuition, über die viele Frauen verfügen, die sie zu ihrem Erfolg führte. Was immer es auch war, sie hat gründliche Arbeit geleistet und ihr gesetztes Ziel erreicht: finanzielle Sicherheit.

Hierin finden wir also den Beweis für die These, dass der ausschlaggebende Punkt zwischen Armut und Reichtum schlicht in dem Unterschied liegt, ob ein Ego von einem Minderwertigkeitskomplex oder einem Gefühl der Zuversicht dominiert wird. Dieser alte Mann wäre vielleicht als verarmter Obdachloser gestorben, hätte diese kluge Frau ihren Geist nicht mit seinem verbunden und sein Ego mit dem Glauben, Erfolg und Wohlstand erlangen zu können, gefüttert.

Dieser Fall ist nur einer von vielen, die ich hier anführen könnte, um zu belegen, dass das menschliche Ich genährt, geformt und auf ein klares Ziel konzentriert werden muss, wenn wir in bestimmten Bereichen des Lebens Erfolg haben wollen.

Henry Fords Ego war eine Kombination aus seinem eigenen Ego und dem Ego seiner Frau. Diese Tatsache ist vielen nicht bekannt. Sein Ich befand sich in Harmonie mit seinem Denken und seinen Taten.

Unter den Hunderten von Fords Konkurrenten, die kurz nach ihm mit der Automobilproduktion begannen, befand sich auch ein Mann, der so schnell vorankam, dass er Fords geschäftliche Erfolge vermutlich noch übertroffen hätte, wenn sein Ego nicht auf Abwege geraten wäre.

Der Mann verfügte über außergewöhnliche Eigenschaften: eine anziehende Persönlichkeit, eine vielseitige Ausbildung, großartige Fähigkeiten als Verkäufer und eine sehr erfolgreiche Vergangenheit in einem anderen Industriesektor, in dem er das nötige Betriebskapital hatte anhäufen können. Auf dem Höhepunkt seiner Karriere war er Geschäftsführer seines eigenen Unternehmens, das ein Automobil produzierte, das in seiner Preisklasse führend war. Bereits zu Beginn seiner Karriere lag eine große Zukunft vor ihm. Damals war sein Name ein Synonym für die Automobilindustrie.

Sein Ego war dynamisch, kraftvoll und ehrgeizig. Gemessen an den üblichen Regeln, hätte er Henry Ford nach wenigen Jahren mit seinem Unternehmen überholen müssen. Aber auf dem Höhepunkt seiner Karriere passierte etwas mit ihm, das ihn in wirtschaftliche Vergessenheit geraten ließ und seinen Namen schnell aus der Liste der Automobilbauer löschte. Denn der Erfolg stieg ihm zu Kopf und er erlaubte es seinem Ego, sich dermaßen aufzublasen, dass es wortwörtlich zerplatzte!

Hätte er, wie Henry Ford, über ein bescheidenes Wesen verfügt, hätte er dessen Erfolg wiederholt oder ihn vielleicht sogar noch übertroffen. Er brachte alle Voraussetzungen mit, um Erfolg zu haben – außer der Selbstdisziplin, die er zur Entwicklung und zur Kontrolle seines Egos benötigte. Daher ergriff sein Ego von ihm Besitz und trieb ihn in den Ruin.

Ein ausgeglichenes Ego lässt sich weder von Lob noch von Verurteilungen ernsthaft beeinflussen. Wer über ein ausgeglichenes Ego verfügt, akzeptiert sowohl Niederlagen als auch Siege als natürliche Bestandteile des Lebens, aber er lässt nicht zu, dass sie seine Pläne verändern. Henry Fords Ego hatte genau die Form angenommen, die er sich wünschte. Er hatte zu jeder Zeit die völlige Kontrolle darüber. Dies ist um so erstaunlicher, wenn man bedenkt, aus welch bescheidenen Verhältnissen Ford stammte, welch geringe Bildung er hatte, dass er zu Beginn über kein Kapital verfügte, keinerlei Einfluss besaß und keinerlei Kredite erhielt. Er hatte rein gar nichts, nur ein eindeutiges Ziel und die charakterlichen Vorzüge, die er sich durch die Anwendung der siebzehn Prinzipien dieser Philosophie erarbeitet hatte. Aber das reichte aus!

Auch Sie, der Sie nun lernen, diese Philosophie zu verinnerlichen, können auf diese Weise erfolgreich werden. Sie mögen vielleicht nicht danach streben, ein zweiter Henry Ford oder Thomas A. Edison zu werden, aber Sie können und sollten danach streben, sich nützlich zu machen, um den Raum in der Welt einzunehmen, den Ihr Ego sich wünscht.

Nicht als Entschuldigung, sondern als Erklärung möchte ich darauf hinweisen, dass im gesamten Verlauf unserer Analyse die wichtigsten Prinzipien durch ständige Bezugnahme besonders betont wurden. Diese Wiederholung war kein Zufall! Sie geschah absichtlich und war notwendig, da die Menschen dazu neigen, sich von neuen Ideen oder Neuinterpretationen alter Erkenntnisse nicht beeindrucken zu lassen. Diese Wiederholungen waren außerdem nötig, da alle siebzehn Prinzipien miteinander verbunden sind, wie die Glieder einer Kette, wobei jedes Prinzip in das andere greift und so zu einem Teil des vorangehenden beziehungsweise nachstehenden Prinzips wird.

Wenn Sie diese Philosophie verinnerlichen, werden Sie eine bessere Ausbildung genossen haben als so mancher, der ein Studium abgeschlossen hat. Sie schenkt Ihnen all das nutzbringende Wissen, das die erfolgreichsten Menschen aus ihrem Erfahrungsschatz zusammengetragen haben. Doch vergessen Sie nie, dass die Verantwortung für die richtige Umsetzung dieses Wissens allein bei Ihnen selbst liegt. Das schiere Erlangen dieses Wissens wird Sie nicht voranbringen – es ist die Umsetzung dieses Wissens, das über Ihren Erfolg entscheidet.

10
Selbstdisziplin

Ein Mensch, der die Fähigkeit besitzt, seinem eigenen Geist vollständig zu beherrschen, kann auch alles andere beherrschen, was ihm rechtmäßig zusteht.
Andrew Carnegie

Ich habe diesem Kapitel das Zitat eines Mannes vorangestellt, der die Wahrheit seiner Philosophie durch sein erstaunliches Lebenswerk nachdrücklich belegt hat. Andrew Carnegie häufte nicht nur mehr materielle Reichtümer an, als er brauchte, er erlangte auch die anderen elf, viel wichtigeren der Zwölf Reichtümer des Lebens.

Jene, die ihn am besten kannten und eng mit ihm zusammenarbeiteten, sagten, Carnegies erstaunlichster Charakterzug sei gewesen, dass er bereits in jungen Jahren vollständige Herrschaft über seinen eigenen Geist ausübte und sich niemals sein Recht nehmen ließ, seine eigenen Gedanken zu denken.

Was für eine Leistung! Und was für ein Segen wäre es, wenn jeder wahrheitsgemäß von sich sagen könnte: *Ich bin der Herr meines Schicksals; ich bin der Kapitän meiner Seele.*

Wahrscheinlich hat der Schöpfer genau dies für uns vorgesehen! Hätte er etwas anderes beabsichtigt, hätte er uns Menschen nicht die Kontrolle über eine einzigartige Kraft gegeben – die Macht unserer Gedanken.

Wir suchen unser Leben lang nach Freiheit für Körper und Geist, aber die meisten Menschen finden sie nie! Warum? Der Schöpfer – Gott, das Universum oder die Natur – hat uns doch alles bereitgestellt, was wir brauchen, um frei zu sein. Jeder von uns hat zudem überzeugende Gründe, die ihn zur Erlangung dieser Freiheit antreiben.

Weshalb nur leben die Menschen in einem selbst gebauten Gefängnis, wo doch der Schlüssel zur Tür so leicht zu erreichen wäre? Weshalb baut der Mensch sich Gefängnisse der Armut, Gefängnisse der Krankheit, Gefängnisse der Angst und Gefängnisse des Unwissens?

Der Wunsch nach Freiheit für Körper und Seele ist ein universeller Wunsch, er ist unter allen Völkern verbreitet. Die wenigsten jedoch finden ihn. Weshalb? Weil sie überall suchen, nur nicht dort, wo sich der einzige Ort befindet, an dem er sich erfüllen lässt – *in ihrem eigenen Geist.*

Auch der Wunsch nach Wohlstand ist universell, aber die meisten Menschen kommen nicht einmal in die Nähe der wahren Reichtümer des Lebens, weil sie nicht erkennen, dass aller Reichtum in ihrem eigenen Geist beginnt. Die Menschen suchen ihr ganzes Leben nach Macht und Ruhm, ohne je eines von beiden zu erlangen, weil sie nicht wissen, dass deren wahre Quelle in ihrem eigenen Geist ruht.

Der Mechanismus des Geistes beruht auf einem tiefgreifenden System geordneter Kräfte, die nur auf eine Art und Weise freigesetzt werden können: durch strikte *Selbstdisziplin.*

Ein angemessen disziplinierter Geist, der sich auf ein eindeutiges Ziel konzentriert, ist eine unwiderstehliche Kraft. Er erkennt dauerhaften Misserfolg nicht an, sondern lernt aus Niederlagen und verwandelt sie in Siege. Er greift nach den Sternen und nutzt die Mächte des Universums, damit sie all seine Wünsche erfüllen.

Jeder Mensch, der sich durch Selbstdisziplin selbst beherrscht, kann niemals von anderen beherrscht werden!

Selbstdisziplin gehört zu den Zwölf Reichtümern des Lebens. Sie ist aber noch viel mehr: Sie ist eine wichtige Grundvoraussetzung für das Erlangen aller anderen Reichtümer, einschließlich Freiheit für Körper und Seele und aller materiellen Güter, die für uns Menschen den Wohlstand ausmachen. Sie ist der Schlüssel zu einer starken Kraft des Willens. Sie ist die Quelle unseres Durchhaltevermögens und die einzige Möglichkeit, die Gewohnheit zu entwickeln, an Plänen und Zielen beharrlich festzuhalten, bis zu ihrer Verwirklichung.

Selbstdisziplin ist die Kraft, durch die sich all unsere Denkgewohnheiten bilden und erhalten, bis sie von der kosmischen Macht der Gewohnheit übernommen und zu ihrer logischen Verwirklichung geführt werden. Nur durch sie übernehmen wir die vollständige Kontrolle über unseren Geist.

Selbstdisziplin hält all unsere Ängste im Zaum. Sie reinigt unseren Geist, um Fantasie und Kreativität Raum zu geben. Sie zerstört Unentschlossenheit und Zweifel. Sie hilft uns dabei, ein *Wohlstandsbewusstsein* zu entwickeln, das für die Erlangung materiellen Erfolges unerlässlich ist. Sie hilft uns bei der Bildung unseres *Gesundheitsbewusstseins.*

Der menschliche Geist wirkt durch das Zusammenspiel von zehn Faktoren. Einige laufen automatisch ab, andere müssen durch willentliche Anstrengungen gesteuert werden – und dazu ist allein Selbstdisziplin in der Lage.

Diese zehn Faktoren sind:

1. Die Unendliche Intelligenz

Sie ist die Quelle der Macht all unseres Denkens, die zwar automatisch operiert, durch eine eindeutige Zielsetzung aber geordnet und gezielt ausgerichtet werden kann.

Die Unendliche Intelligenz könnte man mit einem großen Wasserbecken vergleichen, das ständig überläuft, sodass kleine Bäche in sämtliche Richtungen strömen und Pflanzen und allen Lebewesen Leben schenken. Der Teil des Stroms, der dem Menschen das Leben schenkt, schenkt ihm auch die Macht seiner Gedanken.

Das Hirn eines Menschen ist mit einem Wasserhahn vergleichbar, wobei das Wasser, das durch diesen Hahn fließt, die Unendliche Intelligenz ist. Unser Gehirn erschafft die Kraft der Gedanken nicht selbst; es erhält diese Kraft vielmehr aus dem Sammelbecken der Unbegrenzten Weisheit und setzt sie für jedes beliebige Ziel ein, das wir anstreben.

Vergessen Sie nie: Das Privileg, seine Gedanken zu beherrschen und zu steuern, ist das einzige Recht, das uneingeschränkt in der Macht des Menschen steht. Wir können es nutzen, um etwas zu schaffen oder um etwas zu zerstören. Wir können ihm durch eine klares Ziel eine Richtung geben oder es vollkommen vernachlässigen – die Wahl liegt ganz allein bei uns. Nur durch Selbstdisziplin kommen wir in die Vorzüge dieses großen Privilegs.

2. Das Bewusstsein

Der menschliche Geist funktioniert durch zwei Bereiche. Der eine Bereich ist als Bewusstsein bekannt, der andere als Unterbewusstsein. Psychologen sind der Ansicht, diese beiden Bereiche seien mit einem Eisberg vergleichbar, wobei der sichtbare Teil über der Wasseroberfläche das Bewusstsein darstellt, der unsichtbare Teil unter der Wasseroberfläche das Unterbewusstsein. Es ist also offensichtlich, dass der Bewusstseinsbereich des Geistes – jener Teil, durch den wir willentlich von der Kraft unserer Gedanken Gebrauch machen – nur ein sehr kleiner Teil des Ganzen ist, der wohl nicht mehr ausmacht als ein Fünftel der verfügbaren Kraft unseres Geistes.

Das Unterbewusstsein arbeitet selbsttätig. Es führt alle notwendigen Funktionen in Zusammenhang mit der Entwicklung und Erhaltung unseres Körpers aus: Es erhält den Herzschlag und damit den Blutkreislauf aufrecht; es verwertet unsere Nahrung dank eines perfekten chemischen Systems und transportiert sie in flüssiger Form durch den gesamten Körper; es entfernt abgestorbene Zellen und ersetzt sie durch neue; es bekämpft Bakterien, die unserer Gesundheit schaden könnten, und es schafft neue Leben, indem es Zellen des Protoplasmas von männlichen und weiblichen Organismen miteinander verbindet.

Diese und viele weitere lebenswichtige Funktionen werden von unserem Unterbewusstsein ausgeführt. Darüber hinaus dient es auch als Verbindungsglied zwischen dem Bewusstsein und der Unbegrenzten Intelligenz.

Man könnte das Unterbewusstsein als Wasserhahn unseres Bewusstseins bezeichnen. Durch ein weiteres Aufdrehen dieses Hahns, gesteuert durch Selbstdisziplin, erlangten wir weitere Kontrolle über die Kraft unserer Gedanken.

Vielleicht ist die Bedeutung unseres Unterbewusstseins besser zu begreifen, wenn wir anerkennen, dass es uns die einzige Möglichkeit bietet, uns der Unbegrenzten Intelligenz willentlich zu nähern. Es ist also das einzige Medium, das unsere Gebete überträgt und die Antworten auf diese Gebete empfängt.

Unser Unterbewusstsein reagiert auf sämtliche Gedankenimpulse und führt alle Gedanken zu ihrem logischen Ergebnis –

nämlich die Verwirklichung. Es bevorzugt dabei jedoch Gedanken, die durch starke Gefühle, etwa Angst oder Glaube, inspiriert wurden. Daraus ergibt sich die Notwendigkeit der Selbstdisziplin, damit das Unterbewusstsein ausschließlich mit Gedanken versorgt wird, die zur Verwirklichung des Zieles führen, das wir uns setzen. Unser Unterbewusstsein greift bevorzugt die Gedanken auf, die am stärksten in uns sind – jene Gedanken, die wir durch Wiederholung unserer Pläne und Wünsche schaffen. Diese Tatsache unterstreicht, wie wichtig es ist, sich ein festes Ziel im Leben zu setzen und dieses Ziel durch Selbstdisziplin als vorherrschenden Gedanken in unserem Geist zu festigen.

3. Die Willenskraft

Die Kraft unseres Willens ist der *Chef* aller Bereiche unseres Geistes. Allein durch sie können wir unsere Denkgewohnheiten ändern, anpassen oder stabilisieren. Ihre Entscheidungen sind endgültig und unumkehrbar, es sei denn, sie widerruft sie selbst. Willenskraft ist die Kraft, die unsere Gefühle unter Kontrolle hält, und sie ordnet sich ausschließlich den Anweisungen der Selbstdisziplin unter. Sie nimmt nur Anweisungen des Bewusstseins entgegen und erkennt keine andere Autorität an.

4. Die Kraft der Vernunft

Die Kraft der Vernunft ist der *Richter* unseres Bewusstseins. Sie fällt die Urteile über all unsere Ideen, Pläne und Wünsche. Um ihre Aufgaben gut zu erfüllen muss sie durch Selbstdisziplin geführt werden. Die Entscheidungen der Vernunft können allerdings durch unsere Willenskraft widerrufen werden, oder, falls unser Wille nicht eingreift, durch die Kraft unserer Gefühle verändert werden. Ich möchte darauf hinweisen, dass es für das präzise Denken einer Zusammenarbeit mit der Vernunft bedarf, *obwohl diese Tatsache kaum ein Mensch ernst nimmt.* Dies erklärt, weshalb es nur so wenige präzise Denker gibt.

Was als Denken bezeichnet wird, ist in Wirklichkeit meist das Werk von Gefühlen, allerdings ohne den leitenden Einfluss der Selbstdisziplin und ohne Bezug zur Willenskraft oder zur Kraft zur Vernunft.

5. Die Kraft der Gefühle

Die Kraft der Gefühle ist die Quelle der allermeisten Handlungen unseres Geistes. Durch sie entstehen die meisten unserer Gedanken im Bewusstsein. Doch Gefühle sind kompliziert und unzuverlässig, sie können sogar sehr gefährlich werden, wenn wir sie nicht durch unsere Vernunft und unseren Willen zügeln.

Wir sollten unsere Gefühle jedoch nicht wegen ihrer Unzuverlässigkeit verurteilen, denn sie sind auch die Quelle unserer Begeisterung, unserer Fantasie und unserer Vorstellungskraft. Wenn die Kraft der Gefühle unter die Aufsicht der Selbstdisziplin gestellt wird, dann kann sie wesentlich zum Erreichen des persönlichen Erfolges beitragen. Indem wir unsere Gefühle durch Willen und unsere Vernunft steuern, können wir sie in die richtige Richtung lenken.

Präzises Denken ist ohne die vollkommene Beherrschung unserer Gefühle nicht möglich. Wir können unsere Gefühle beherrschen, indem wir sie durch unseren Willen in jede gewünschte Richtung lenken, und dabei können wir sie durch die Kraft der Vernunft gegebenenfalls noch abwandeln.

Ein präziser Denker vertritt keine Meinungen. Er trifft keine Entscheidungen, die nicht durch seinen Willen und seine Vernunft getroffen wurden. Er nutzt die Kraft seiner Gefühle dazu, um sich durch sie zur Entwicklung neuer Ideen inspirieren zu lassen. Bevor er sie aber endgültig annimmt, überprüft er diese Ideen durch seinen Willen und seine Vernunft.

Dies ist Selbstdisziplin in ihrer höchsten Form. Auch wenn dieser Vorgang eigentlich denkbar simpel erscheint, ist er dennoch schwer durchzuführen. Die wichtigeren der Zwölf Reichtümer *können wir nur erreichen, wenn wir alle unsere Gefühle kontrollieren und strikt in eine Richtung lenken.* Dies bedeutet nicht, dass wir unsere Gefühle unterdrücken sollten, aber wir müssen sie kontrollieren und auf ein klares Ziel ausrichten.

Man könnte Gefühle mit dem Dampf in einem Kessel vergleichen. Auch Dampfkraft entfaltet sich erst mit der Freisetzung. Doch er muss durch einen Regler in die richtigen Bahnen gelenkt werden – denn unkontrollierter Dampf hat keine Kraft. Um ihn kontrollieren zu können, muss er mithilfe eines Reglers gesteuert werden. Das wäre also die Entsprechung der Selbstdisziplin. Sie ist für eine kontrollierte Freisetzung unserer Gefühle vonnöten.

Die wichtigsten Gefühle sind auch die gefährlichsten, etwa sexuelle Gefühle, Gefühle der Liebe und Gefühle der Angst. *Diese Gefühle liegen dem Großteil aller menschlichen Handlungen zugrunde.* Wenn wir diese Gefühle nicht beherrschen und lenken, können sie uns zu zerstörerischen Torheiten verleiten.

6. Die Fantasie

Im Atelier der Fantasie werden all unsere Wünsche, Ideen, Pläne und Ziele sowie die Wege, mit denen wir sie verwirklichen können, erschaffen und gestaltet. Durch eine rationale Nutzung, verbunden mit Selbstdisziplin, können wir mit unserer Fantasie selbst kreativ schöpferisch wirken.

Doch die Fantasie ist, ebenso wie die Gefühle, verworren und unzuverlässig, wenn sie nicht durch die Selbstdisziplin kontrolliert und gelenkt wird. Ohne diese Kontrolle vergeuden wir durch die Fantasie oft die Kraft unserer Gedanken für nutzlose und destruktive Aktivitäten. Unkontrollierte Fantasie ist der Stoff, aus dem Hirngespinste gemacht sind!

Eine Kontrolle der Fantasie beginnt mit dem Festlegen eines eindeutigen Zieles, das wir mit Hilfe eines klaren Plans erreichen wollen. Durch die Angewohnheit strikter Selbstdisziplin wird diese Kontrolle perfekt, da sie unsere Gefühle in die richtige Richtung lenkt, sodass diese unsere Fantasie anregen können.

7. Das Gewissen

Das Gewissen ist der moralische Führer unseres Geistes, und seine wichtigste Aufgabe besteht darin, unsere Ziele und Wünsche so abzuwandeln, dass sie mit den moralischen Gesetzen der Natur und der menschlichen Gesellschaft in Einklang stehen. Das Gewissen ist der Zwilling der Vernunft, da es ihr Entscheidungshilfen und Anleitung gibt, wenn die Vernunft Zweifel hegt.

Das Gewissen kann nur dann als hilfreicher Führer fungieren, wenn wir es respektieren und seinem Rat folgen. Wenn wir es vernachlässigen oder es übergehen, entwickelt es sich schließlich vom Anführer zum Verschwörer und rechtfertigt oft unsere zerstörerischsten Gewohnheiten. Das Gewissen ist also ein zweischneidiges Schwert, es muss daher durch strikte Selbstdisziplin gelenkt werden.

8. Der sechste Sinn

Der sechste Sinn ist die *Sendestation* des Geistes, durch die wir Gedankenwellen selbsttätig senden und empfangen. Der sechste Sinn ist das Medium, durch das wir auch die Gedankenimpulse empfangen, die wir als *Vorahnungen* bezeichnen. Er ist eng mit dem Unterbewusstsein verbunden und möglicherweise sogar ein Teil davon. Durch den sechsten Sinn wirken auch unsere kreativen Fantasien. Allen Menschen, die als *Genies* gelten, sagt man einen ausgeprägten sechsten Sinn nach.

9. Das Gedächtnis

Das Gedächtnis ist der *Karteikasten* des Gehirns, in dem alle Gedankenimpulse, alle Erfahrungen und alle Wahrnehmungen abgelegt werden, die es über die fünf körperlichen Sinne aufnimmt. Möglicherweise enthält dieser *Karteikasten* auch jene Gedankenimpulse, die den Geist über den sechsten Sinn erreichen, wenngleich dies unter Psychologen umstritten ist. Das Gedächtnis ist komplex und es ist sehr unzuverlässig, wenn wir es nicht durch Selbstdisziplin ordnen und lenken.

10. Die fünf Sinne

Die fünf Sinne sind die physischen *Arme* des Gehirns, durch die es Kontakt mit der Außenwelt aufnimmt und so Informationen über sie erhält. Durch intensive Gefühle lassen die Sinne sich verwirren und werden unzuverlässig.

Unsere fünf Sinne lassen sich schon durch kleinste Tricks täuschen, selbst durch ganz gewöhnliche, alltägliche Erfahrungen des Lebens. Wenn wir Angst verspüren, erschaffen unsere Sinne oft monströse *Gespenster*, die allein in unserer Fantasie existieren. Wenn wir uns von unserer Angst leiten lassen, übertreiben und verdrehen unsere fünf Sinne sämtliche Tatsachen.

Dies sind also, kurz umrissen, die zehn Faktoren, die Teil all unserer geistigen Aktivitäten sind.

Damit haben Sie ausreichende Informationen über den *Mechanismus* des Geistes, um die Notwendigkeit der Selbstdisziplin zu erkennen, durch die Sie Ihre geistigen Möglichkeiten sinnvoll beeinflussen und nutzen können.

Selbstdisziplin erlangen wir durch die Steuerung unserer Denkgewohnheiten. Der Begriff *Selbstdisziplin* bezieht sich alleine auf die Kraft unseres Denkens, denn Selbstdisziplin muss von unserem Geist ausgehen, auch wenn sie sich auf die Funktionen unseres Körpers auswirkt.

Wir alle sind aufgrund unserer Denkgewohnheiten was wir sind und haben alles, was wir erreicht haben, durch unsere Denkgewohnheiten erlangt! Unsere Denkgewohnheiten unterliegen unserer Kontrolle! Sie sind das einzige im Leben, über das wir die komplette Kontrolle haben. Dies ist die tiefgreifendste Erkenntnis unseres Lebens.

Ein weiterer Beweis für den Wunsch unseres Schöpfers, uns Menschen das unbestreitbare Recht der Gedankenkontrolle zu überlassen, zeigt sich klar und deutlich im Gesetz der kosmische Macht der Gewohnheit – durch sie werden Denkgewohnheiten dauerhaft gefestigt, um dann ohne willentliche Anstrengungen automatisch abzulaufen.

Dieses Privileg bringt auch eine große Verantwortung mit sich, denn so bestimmt der Mensch selbst, welchen Platz er im Leben einnimmt. Wenn wir dieses Privileg vernachlässigen, werden die Umstände unseres Lebens, die wir *nicht* beeinflussen können, diese Aufgabe für uns übernehmen – und sie erfüllen diese Aufgabe meist äußerst schlecht!

Jeder Mensch besteht aus einer Fülle von Gewohnheiten. Einige hat er selbst entwickelt, andere sind ohne sein Zutun entstanden. Sie sind auf seine Ängste, Zweifel, Sorgen und Nöte sowie auf seine Gier, seinen Aberglauben, seinen Neid und seinen Hass zurückzuführen.

Wenn Sie Ihre Denkgewohnheiten ordnen, werden sie Sie zur Erfüllung all Ihrer gewünschten Ziele in Ihrer Reichweite führen. Überlassen Sie es jedoch den unkontrollierbaren Umständen Ihres Lebens, Ihre Denkgewohnheiten für Sie zu formen, werden sie Sie unwillkürlich ans *Versagensufer* des Stroms des Lebens treiben.

Sie können Ihren Geist fest auf all die Dinge konzentrieren, die Sie sich wünschen, um genau diese Dinge auch zu bekommen! Sie können ihr Denken aber auch auf die Dinge richten, die sie sich nicht wünschen, dann werden Ihnen ebenso unweigerlich diese Dinge im Leben beschert werden. Ihre Denkgewohnheiten entwickeln sich durch die Nahrung, mit der Sie Ihren Geist füttern. Dies ist ebenso sicher, wie die Nacht auf den Tag folgt!

Wachen Sie auf, stehen Sie auf und beflügeln Sie Ihren Geist, indem Sie ihn auf die Dinge des Lebens ausrichten, die Sie sich von Herzen wünschen. Drehen Sie Ihre Willenskraft voll auf. Übernehmen Sie die vollkommene Kontrolle über Ihren Geist. Es ist Ihr Geist! Er wurde Ihnen als Diener geschenkt, der Ihre Wünsche verwirklichen soll. Niemand kann ohne Ihre Zustimmung in ihn eindringen oder ihn beeinflussen. Das ist eine wichtige Erkenntnis!

Denken Sie immer daran, wenn es Ihnen scheint, als hätten Sie die Kontrolle über ihre Lebensumstände verloren und Ihre Situation hätte sich verschlechtert. Denken Sie daran, wenn Angst und Kummer sich allmählich im Gästezimmer ihres Geistes einnisten. Denken Sie daran, wenn die Angst vor Armut es sich an dem Platz Ihres Geistes bequem macht, den eigentlich Ihr *Wohlstandsbewusstsein* einnehmen sollte. Vergessen Sie außerdem nie, dass Selbstdisziplin die einzige Möglichkeit bietet, vollkommen Besitz von unserem Geist zu ergreifen. Sie sind kein Wurm, der erschaffen wurde, um durch den Staub der Erde zu kriechen. Warum sich mit wenig zufrieden geben? Weshalb sollten Sie Ihren Schöpfer durch Gleichgültigkeit und Nachlässigkeit beleidigen und sein größtes Geschenk – die Kraft Ihrer eigenen Gedanken – ungenutzt lassen?

Die potenzielle Macht des menschlichen Geistes ist für uns unbegreiflich. Eines der großen Geheimnisse der Menschheit, dass seit Anbeginn der Zeit ungelöst ist, besteht in der Frage, weshalb die Menschen diese Kraft nicht erkennen und nutzen, um ihr Schicksal auf Erden selbst zu bestimmen!

In Form unseres Unterbewusstseins wurde unser Geist klugerweise mit einem Tor ausgestattet, durch das wir uns der Unendlichen Intelligenz nähern können; dieses Tor wurde so gestaltet, dass wir es durch Glauben und Zuversicht vorbereiten und nach Belieben öffnen können.

Unser Geist wurde außerdem mit Fantasie ausgestattet, durch die wir Mittel und Wege schaffen können, um unsere Hoffnungen und Wünsche in ihre greifbaren Entsprechungen zu verwandeln. Er verfügt über die Fähigkeit der logischen Schlussfolgerungen, die es ihm ermöglicht, durch eine Analyse der Vergangenheit auf die Zukunft zu schließen. Diese Fähigkeit erklärt auch, weshalb Philosophen zurückblicken, um in die Zukunft sehen zu können.

Unser Geist besitzt die Kraft, uns bei der Erhaltung unserer körperlichen Gesundheit zu helfen, und es scheint, als sei er die einzige Heilquelle körperlicher Gebrechen, in die alle anderen Quellen schließlich münden. Er unterhält darüber hinaus ein perfektes *Reparatursystem* für die Instandhaltung unseres Körpers – ein System, das selbsttätig arbeitet.

Er hält außerdem ein wunderbares System chemischer Prozesse aufrecht, durch das unsere Nahrung in ihre Bestandteile zerlegt wird und wir all das in uns aufnehmen, was wir benötigen, um unseren Körper zu erhalten und wieder aufzubauen. Unser Geist sorgt dafür, dass unser Herz, durch das unser

Blutstrom Nährstoffe in jeden Teil unseres Körpers transportiert und Abfallprodukte und abgestorbene Zellen entfernt, selbsttätig arbeitet.

Der menschliche Geist ist die einzige Quelle allen Glücks und allen Elends, aller Armut und aller Reichtümer. Er verwendet seine gesamte Energie darauf, das zu verwirklichen, was ihm durch die Kraft unserer vorherrschenden Gedanken vorgegeben wird.

Unser Geist verfügt über die Kraft, sich gegen alle äußeren Umstände und Begebenheiten zu wehren und ihnen zu widerstehen, auch wenn er sie nicht immer kontrollieren kann. Seiner Vernunft sind keine Grenzen gesetzt – außer jenen, die einen Konflikt mit den Naturgesetzen bedeuten!

Es stimmt: *Was immer unser Geist sich vorstellen und glauben kann, kann er auch erreichen.*

Trotz der erstaunlichen Kraft des menschlichen Geistes unternehmen die meisten von uns jedoch keinen Versuch, die Herrschaft über ihren Geist zu erlangen. Wir lassen uns stattdessen von Ängsten oder Schwierigkeiten einschüchtern, die allein in unserer Vorstellung existieren.

Der Erzfeind der Menschheit ist die *Angst!* Inmitten des Überflusses und des Reichtums haben wir Angst vor Armut!

Obwohl Mutter Natur uns ein geniales System geschenkt hat, das unseren Körper automatisch gesund und funktionstüchtig erhält, haben wir Angst vor Krankheiten.

Wir haben Angst vor Kritik, obwohl wir uns die meiste negative Kritik nur einbilden und kein Kritiker Macht über uns gewinnen kann.

Wir haben Angst, die Liebe unserer Freunde und Verwandten zu verlieren, obwohl wir genau wissen, dass wir es durch unser Verhalten selbst in der Hand haben, uns deren Zuneigung zu sichern.

Wir haben Angst vor dem Alter, obwohl wir es als Quelle zu mehr Weisheit und Verständnis verstehen sollten.

Wir haben Angst vor dem Tod, obwohl wir wissen, dass er unvermeidbar ist und daher außerhalb unserer Kontrolle liegt.

Wir haben Angst, zu versagen, weil wir übersehen, dass in jedem Misserfolg auch die Saat für einen entsprechend großen Gewinn steckt.

Statt unseren Geist durch Glauben zu öffnen und auf die Führung durch die Unbegrenzte Intelligenz auszurichten, verschließen wir ihn immer fester durch alle erdenklichen Arten von selbst auferlegten Einschränkungen, die auf unbegründeten Ängsten beruhen.

Wir wissen, dass der Mensch Herr über alle anderen Kreaturen auf Erden ist, aber dennoch gehen wir nicht mit offenen Augen durch die Welt, um von den Vögeln am Himmel und den Tieren im Wald zu lernen. Sie lehren uns, dass selbst das dümmste Tier dank eines weisen, universellen Plans, der alle Ängste grundlos und albern erscheinen lässt, mit ausreichend Nahrung und allen anderen Lebensnotwendigkeiten versorgt wird.

Wir beklagen uns über fehlende Möglichkeiten, schreien aber auf, sobald es andere wagen, von ihrem eigenen Geist Besitz zu ergreifen.

Aufgrund unserer Ängste wenden wir uns im Gebet oft mit Lappalien, die wir selbst regeln könnten und sollten, an unseren Schöpfer. Wir geben schnell auf und verlieren den Glauben – sofern wir überhaupt einen Glauben hatten – wenn wir die erhofften Ergebnisse nicht sofort bekommen. Dabei vergessen wir, dass wir uns eigentlich täglich in unseren Gebeten für all die segensreichen Dinge bedanken sollten, die uns durch die Macht unseres Geistes geschenkt wurden.

Wir missbrauchen die Kraft unseres Geistes auf mehr Arten, als wir hier aufzählen könnten, weil wir noch immer nicht begriffen haben, dass wir diese Kraft durch Selbstdisziplin kontrollieren und für unsere Zwecke nutzen können. Wir gehen unseren Weg durchs Leben und essen dabei allzu oft nur die Hülsen und werfen das Korn des Reichtums achtlos fort!

Bevor ich die Analyse der Selbstdisziplin beende, bei der es einzig und allein um den *Mechanismus* des Denkens geht, will ich nochmals kurz einige der bekannten Tatsachen im Zusammenhang mit unseren Denkgewohnheiten beschreiben, damit es auch Ihnen gelingt, die Kunst des präzisen Denkens zu erlernen.

1. Alle Gedanken – seien sie positiv oder negativ, gut oder schlecht, präzise oder wirr – streben danach, sich schließlich in ihre reale Entsprechung zu verwandeln. Sie tun dies, indem sie uns zu Ideen, Plänen und Mitteln und Wegen inspirieren, durch die wir unsere Ziele auf logische, natürliche Weise erreichen können.

Nachdem ein Gedanke zu einem beliebigen Thema ständig wiederholt und von der kosmischen Macht der Gewohnheit aufgenommen wurde, führt unser Unterbewusstsein ihn mithilfe aller natürlichen Hilfsmittel zu seiner logischen Verwirklichung.

Der Ausspruch *Gedanken sind Dinge* mag nicht wörtlich wahr sein; wahr ist jedoch, dass Gedanken alle Dinge erschaffen. Diese Dinge sind verblüffend getreue Nachbildungen der Denkmuster, aus denen sie hervorgingen.

Manche Menschen glauben, jeder Gedanke, den wir freisetzen, löse eine endlose Reihe von Schwingungen aus, mit denen sich die Person, die den Gedanken gefasst hat, irgendwann zwangsläufig auseinandersetzen muss. Andere glauben, wir Menschen seien nur ein physisches Gedankenspiegelbild, das durch die Unbegrenzte Intelligenz in Bewegung gesetzt wurde und greifbare Gestalt erhielt. Einige sind der Ansicht, die Energie unseres Denkens sei nur ein winziger Teil der Unbegrenzten Intelligenz, den wir durch unseren Verstand aus dem großen universellen Reservoir schöpfen konnten. Kein Argument, das dieser Überzeugung widerspricht, hat sich bislang als glaubwürdig erwiesen.

2. Durch Selbstdisziplin können wir unsere Gedanken beeinflussen, beherrschen, verändern und auf jedes gewünschte Ziel konzentrieren, indem wir freiwillig Gewohnheiten entwickeln, die der Verwirklichung dieses Zieles dienen.

3. Die Kraft der Gedanken beherrscht mithilfe unseres Unterbewusstseins jede Zelle unseres Körpers. Sie heilt oder entfernt kranke und tote Zellen, regt das Zellwachstum an, beeinflusst die Funktionen aller Körperorgane, unterstützt sie durch die nötige Ordnung und hilft durch die sogenannte *Körperabwehr* bei der Bekämpfung von Krankheiten. Diese Funktionen laufen automatisch ab, aber viele von ihnen können durch willentliche Unterstützung verstärkt werden.

4. All unseren Erfolgen liegen Gedanken zugrunde, die wir zu Plänen, Wünschen und Zielen ausarbeiten. Diese setzen wir dann in die Tat um. All unsere Handlungen sind durch eines oder mehrere der schon genannten neun grundlegenden Motive bestimmt.

5. Die gesamte Kraft unseres Geistes wirkt durch zwei Bereiche: das Bewusstsein und das Unterbewusstsein. Das Bewusstsein steuert jeder Mensch selbst, während das Unterbewusstsein von der Unbegrenzten Intelligenz kontrolliert wird. Das Unterbewusstsein dient als Kommunikationsmittel zwischen der Unbegrenzten Intelligenz und unserem Bewusstsein.

Der *Sechste Sinn* unterliegt der Kontrolle des Unterbewusstseins und funktioniert grundsätzlich automatisch, kann jedoch derart beeinflusst werden, dass er auch Anweisungen des Bewusstseins ausführt.

6. Sowohl das Bewusstsein als auch das Unterbewusstsein agieren entsprechend fester Gewohnheiten. Die Gewohnheiten passen sich allen Denkgewohnheiten an, die der Mensch entwickelt, egal, ob es sich dabei um willentliche oder unbeabsichtigte Gewohnheiten handelt.

7. Die meisten unserer freigesetzten Gedanken sind sprunghaft und nicht präzise, da sie oft durch unsere Meinungen beeinflusst werden, die wir uns ohne die Überprüfung der Tatsachen bilden, oder weil wir voller Vorurteile, ängstlich oder emotional aufgewühlt sind und unsere Vernunft keine Gelegenheiten hatte, unsere Gedanken rational zu ordnen.

8. Der erste Schritt zu einem präzisen Denken verlangt, dass wir Tatsachen von Vermutungen und Gerüchten trennen. Der zweite Schritt ist, die Tatsachen, die als solche erkannt wurden, in zwei Gruppen einzuteilen: die wichtigen und die unwichtigen. Zu den wichtigen Tatsachen zählen alle, die uns dabei helfen können, unser wichtiges Ziel zu erreichen, oder jedes kleinere Ziel, dass uns schließlich zu unserem Hauptziel führt. Alle anderen Fakten sind relativ unwichtig. Der Durchschnittsmensch vergeudet viel Zeit seines Lebens mit *Schlussfolgerungen*, die aus unzuverlässigen Quellen stammen oder die er aus unwichtigen Tatsachen ableitet. Daher gelingt es ihm nur selten, eine Selbstdisziplin aufzubauen, die allein wichtige Tatsachen gelten lässt.

9. Jedes willentliche Denken, das mit dem persönlichen Erfolg zusammenhängt, wird von einem Wunsch ausgelöst, der auf einem starken Motiv beruht.

Sobald sich ein intensiver Wunsch in unserem Geist festsetzt, regt er unsere Fantasie dazu an, Mittel und Wege zu finden, die uns zur Erfüllung dieses Wunsches führen. Wenn wir diesen Wunsch durch ständige gedankliche Wiederholung dauerhaft in unserem Geist halten, wird er schließlich von unserem Unterbewusstsein aufgenommen und automatisch zu seinem logischen Schluss geführt – er wird verwirklicht.

Dies sind einige der wichtigeren bekannten Tatsachen im Zusammenhang mit dem größten aller Rätsel – dem Rätsel des menschlichen Denkens. Sie belegen ganz klar, dass präzises Denken nur mithilfe der strikten Gewohnheit der Selbstdisziplin möglich ist.

»Wo und wie«, werden sich nun einige Leser fragen, »kann ich denn mit der Entwicklung dieser Selbstdisziplin anfangen?« Ein guter Anfang ist die Konzentration auf ein klares Hauptziel. Alles wirklich Bedeutende wurde durch die Kraft der Gedanken vollbracht.

Unser Unterbewusstsein unterliegt zwar nicht unserer Kontrolle, aber wir können es dennoch auf die hier beschriebene Weise beeinflussen. Es handelt aus eigenem Antrieb und nach eigenem Willen, aber wir können seine Aktivitäten beschleunigen, indem wir unsere Gefühle intensivieren und dabei unsere gesamte Willenskraft aufbringen. Wenn hinter einem eindeutigen Ziel ein brennendes Verlangen steht, können dadurch die Aktivitäten des Unterbewusstseins angeregt und beschleunigt werden.

Die Beziehung zwischen dem Unterbewusstsein und den sechs anderen Bereichen unseres Geistes gleicht in vielerlei Hinsicht der zwischen einem Bauern und den Naturgesetzen, die sein Getreide wachsen lassen. Der Bauer muss gewisse Aufgaben erfüllen, beispielsweise den Boden umgraben, die Saat in der richtigen Jahreszeit aussäen und Unkraut jäten. Damit ist seine Arbeit getan und nun übernimmt die Natur sie, lässt die Samen keimen und reifen und bringt so Getreide hervor.

Unsere Willenskraft ist, unterstützt von einem brennenden Verlangen, unsere einzige Möglichkeit, die Aktivitäten des Unterbewusstseins zu beschleunigen. Indem wir also unter Aufbringung all unserer Willenskraft vollständig Besitz von unserem Geist ergreifen, schaffen wir eine Macht von unglaublicher Kraft. Wenn es uns gelingt, unsere Willenskraft zu beherrschen und sie auf jedes erwünschte Ziel auszurichten, ist dies Selbstdisziplin in ihrer höchsten Form. Die Kontrolle unseres Willens erfordert Ausdauer, Glaube und ein klares Ziel.

Ausdauer ist eine Frage strikter Selbstdisziplin! Die Pioniere der Industrie – Männer wie Henry Ford, Thomas A. Edison und Andrew Carnegie – zeigten uns, welche Erfolge wir durch Ausdauer erlangen können.

Andrew Carnegies gesamte Karriere ist ein ausgezeichnetes Beispiel dafür, was wir durch Selbstdisziplin alles erreichen können. Er begann seine Karriere als einfacher Hilfsarbeiter. Er hatte nur wenige Freunde und keiner von ihnen war wohlhabend oder einflussreich. Carnegie hatte jedoch eine einzigartige Willenskraft. Tagsüber arbeitete er, nachts studierte er. Er lernte alles über Telegrafie und arbeitete sich allmählich hoch, bis er eines Tages eine Stelle als persönlicher Assistent des Bereichsleiters der Pennsylvania Railroad Company bekam. In dieser Funktion machte er sich einige Prinzipien dieser Philosophie – darunter auch das Prinzip der Selbstdisziplin – auf so wirkungsvolle Weise zunutze, dass er die Aufmerksamkeit einiger wohlhabender und einflussreicher Männer auf sich zog, die in der Lage waren, ihm bei der Verwirklichung seines wichtigsten Zieles zu helfen. Durch seine Willenskraft, die er durch Selbstdisziplin auf die Verwirklichung seines eindeutigen Zieles konzentrierte, entstand die große United States Steel Corporation, die die Stahlindustrie revolutionierte.

Wer erfolgreich sein will, darf niemals aufgeben und muss dieses Prinzip so lange anwenden, bis er sein Ziel erreicht hat. Selbstdisziplin ist eine selbst erlangte Charaktereigenschaft. Wir können sie weder aus den Lebenserfahrungen unserer Mitmenschen noch durch die Lektüre eines Buches entwickeln. Sie muss mithilfe unserer Willenskraft in uns entstehen.

Als Andrew Carnegie sagte, unsere Willenskraft sei »eine unwiderstehliche Kraft, die Realitäten wie Versagen nicht anerkennt«, meinte er damit zweifellos, die Willenskraft werde unwiderstehlich, wenn wir sie mit festem Glauben auf ein eindeutiges Ziel ausrichten. Offensichtlich wollte er drei wichtige Prinzipien dieser Philosophie besonders hervorheben, die die Grundlage der selbst erlangten Selbstdisziplin bilden, nämlich:

1. Eindeutige Zielsetzung
2. Angewandter Glaube
3. Selbstdisziplin

Wir sollten jedoch nicht vergessen, dass wir den Geisteszustand, den wir durch diese drei Prinzipien erschaffen können, am besten und schnellsten erreichen, wenn wir gleichzeitig auch weitere Prinzipien dieser Philosophie anwenden, zum Beispiel:

1. das Mastermind-Prinzip
2. eine sympathische Persönlichkeit
3. die Angewohnheit, freiwillig mehr zu leisten, als verlangt wird
4. Eigeninitiative
5. eine schöpferische Fantasie

Wenn wir diese fünf Prinzipien mit einer eindeutigen Zielsetzung, Angewandtem Glauben und Selbstdisziplin verbinden, erschließt sich uns eine persönliche Kraftquelle von erstaunlicher Macht.

Jemand, der sich zum ersten Mal mit dieser Philosophie beschäftigt, wird vielleicht Schwierigkeiten haben, die Kontrolle über seine Willenskraft zu erlangen. Er sollte sich am besten Schritt für Schritt durch das Verstehen und die Anwendung dieser acht Prinzipien diesem Ziel nähern.

Wir können die Kontrolle ohnehin nur auf eine einzige Art und Weise erlangen: durch die fortgesetzte, beharrliche Anwendung dieser Prinzipien. Sie müssen mit unseren täglichen Gewohnheiten verwoben sein, in all unseren sozialen Beziehungen einfließen und zur Lösung all unserer persönlichen Probleme genutzt werden.

Unsere Willenskraft führt nur zum Erfolg, wenn wir unsere Ziele mit Ausdauer verfolgen. Sie gewinnt auf dieselbe Weise an Stärke, auf die auch ein Arm stärker wird – durch ständigen, konsequenten Gebrauch.

Menschen mit starker, durch Selbstdisziplin geschaffener Willenskraft verlieren nie die Hoffnung und geben nie auf, wenn sie auf Schwierigkeiten treffen. Menschen ohne Willenskraft hingegen schon.

Während des amerikanischen Bürgerkrieges blickte ein General auf ein Heer müder, mutloser Soldaten, die soeben eine schwere Niederlage erlitten hatten. Auch der General selbst hatte allen Grund, entmutig zu sein, denn der Krieg verlief für ihn wenig erfolgreich.

Als einer seiner Offiziere verkündete, die Lage sei aussichtslos, hob General Grant müde den Kopf, kniff die Augen zusammen, ballte die Fäuste und rief: *Wir werden uns treu bleiben und bis zum bitteren Ende weiterkämpfen, und wenn es den ganzen Sommer dauert!* Er selbst blieb sich treu und kämpfte bis zur Entscheidung weiter. Es ist also gut möglich, dass die feste Entschlossenheit eines einzelnen Mannes, gestützt durch seinen unbezwingbaren Willen, letzten Endes zu jenem Sieg führte, der die Einheit der amerikanischen Bundesstaaten sicherte.

Beobachten Sie erfolgreiche Menschen, wo immer sie Ihnen begegnen. Sie werden immer wieder feststellen, dass ihre Willenskraft der wichtigste Faktor ihres Erfolges war – sinnvoll gelenkt und mit Ausdauer angewandt. Sie werden außerdem feststellen, dass erfolgreiche Menschen sich eine sehr strenge Selbstdisziplin auferlegen.

Erfolgreiche Menschen arbeiten, wenn andere schlafen! Sie leisten freiwillig mehr, als man von ihnen verlangt, wieder und wieder, und hören nicht auf, bis sie das Beste geleistet haben, zu denen sie fähig sind. Machen Sie es ihnen nur einen Tag nach, und Sie werden sehen, dass auch Sie keinen Aufseher brauchen, um Sie anzutreiben.

Erfolgreiche Menschen handeln aus eigener Initiative und schaffen mehr als andere durch Selbstdisziplin. Erfolgreiche freuen sich sicher über Lob, aber sie brauchen es nicht, um zum Handeln angespornt zu werden. Sie nehmen Kritik an, aber sie fürchten sie nicht und lassen sich nicht von ihr entmutigen.

Auch Erfolgreiche versagen manchmal oder erleben vorübergehende Rückschläge, genau wie jeder andere Mensch auch, aber ihr Versagen spornt sie nur zu noch größeren Anstrengungen an. Sie erleben selbstverständlich auch Phasen der Entmutigung, wie jeder Mensch, aber sie verriegeln die Türen ihres Geistes vor solchen unerfreulichen Erfahrungen und verwandeln ihre Enttäuschungen in neue Energie, die sie bis zum Erfolg trägt.

Erfolgreiche suchen den Rat ihrer Mitmenschen, übernehmen das, was sie für sinnvoll halten und verwerfen den Rest, auch wenn die ganze Welt anderer Meinung ist und sie deswegen kritisiert. Sie wissen, dass sie nicht sämtliche Umstände ihres Lebens kontrollieren können, aber sie kontrollieren ihren eigenen Geist und ihre geistigen Reaktionen auf diese Umstände, indem sie sich eine positive geistige Einstellung bewahren.

Die Kontrolle über unsere Gefühle erlangen wir Schritt für Schritt, indem wir Denkgewohnheiten entwickeln, die dieser Kontrolle förderlich sind. Solche Gewohnheiten sollten wir am besten in Verbindung mit den kleinen, unwichtigen Dingen des Lebens aufbauen. Denn: *Das Gehirn ist wie eine Hand; es wird stärker, wenn wir es benutzen.*

Wir können die sechs Bereiche unseres Geistes, die der Selbstdisziplin unterliegen, einen nach dem anderen unter unsere vollständige Kontrolle bringen. Anfangen sollte man bei den Gewohnheiten, denn sie geben uns die Kontrolle über unsere Gefühle. Leider ist es wirklich so, dass die meisten Menschen zeitlebens Opfer ihrer unkontrollierten Gefühle bleiben – sie sind Diener und nicht Herren ihrer Gefühle.

Jeder, der sich dazu entschlossen hat, durch energische Selbstdisziplin die Kontrolle über diese sechs Bereiche seines Geistes zu übernehmen, sollte einen Plan entwerfen und ihn verfolgen, um sein Ziel nicht aus den Augen zu verlieren.

Ein Schüler dieser Philosophie verfasste für sich ein *Glaubensbekenntnis*, an das er sich so streng hielt, dass er schon bald ein tiefgreifendes Bewusstsein für Selbstdisziplin entwickelte. Er wurde dadurch sehr erfolgreich. Er unterschrieb das Bekenntnis und wiederholte es täglich zweimal laut; einmal morgens beim Aufstehen, das andere Mal abends vor dem Einschlafen. Durch dieses Vorgehen nutzte der Schüler das Prinzip der Autosuggestion, durch das das Ziel seines Bekenntnisses dem Unterbewusstsein klar übermittelt wurde, wo es aufgenommen und umgesetzt wurde. Ich möchte Ihnen dieses Bekenntnis nicht vorenthalten:

Mein Bekenntnis zur Selbstdisziplin!

Willenskraft: Da ich erkenne, dass die Willenskraft der Oberste Richter des Geistes ist und alle anderen Bereiche des Geistes beherrscht, werde ich meine Willenskraft stärken und sie wenigstens einmal täglich bewusst nutzen, wenn ich handeln muss, um ein bestimmtes Ziel zu erreichen. Außerdem werde ich Gewohnheiten entwickeln, die mir dabei helfen, meine Willenskraft zu stärken.

Gefühle: Da ich erkenne, dass ich sowohl gute als auch schlechte Gefühle habe, werde ich alltägliche Gewohnheiten aufbauen, die die Entwicklung meiner guten Gefühle fördern und mir dabei helfen, die Energie meiner schlechten Gefühle in etwas Nützliches zu verwandeln.

Vernunft: Da ich erkenne, dass sowohl meine positiven als auch meine negativen Gefühle gefährlich sein können, wenn sie nicht gesteuert und auf ein festes Ziel ausgerichtet werden, unterwerfe ich all meine Wünsche, Ziele und Bedürfnisse meiner Vernunft. Sie wird mich zur Erfüllung meiner Ziele führen.

Fantasie: Da ich erkenne, dass sinnvolle Pläne und Ideen nötig sind, um meine Ziele zu erreichen, werde ich meine Fantasie immer wieder anregen, damit sie neue Vorstellungen schaffen kann.

Gewissen: Da ich erkenne, dass meine Gefühle durch allzu große Begeisterung oft irren und meiner Vernunft oft die nötige Wärme der Gefühle fehlt, um meine Urteile ebenso gerecht wie gnädig zu fällen, werde ich mein Gewissen dazu ermuntern, mich zu führen. Es soll mir zeigen, was richtig und was falsch ist. Dabei werde ich die Entscheidungen, die das Gewissen fällt, niemals anzweifeln, ganz gleich, was es mich auch kosten wird, sie in die Tat umzusetzen.

Gedächtnis: Da ich erkenne, welche Bedeutung ein gutes Gedächtnis hat, werde ich dafür sorgen, das auch meines gut funktioniert. Ich werde mir alle Mühe geben, alle Gedanken darin abzuspeichern, an die ich mich in Zukunft erinnern möchte und diese Gedanken mit ähnlichen Themen verbinden, an die ich ebenfalls häufiger denken möchte.

Unterbewusstsein: Da ich erkenne, welchen Einfluss mein Unterbewusstsein auf meine Willenskraft ausübt, werde ich mich bemühen, ihm ein klares, eindeutiges Bild meines wichtigsten Lebenszieles sowie all der kleinen Zwischenziele zu übermitteln, die mich zu diesem Hauptziel führen. Ich werde meinem Unterbewusstsein dieses Bild ständig zeigen, indem ich es mir täglich vor Augen führe.

Unterschrift: ________________________________

Geistige Disziplin erreichen wir Schritt für Schritt, indem wir Gewohnheiten bilden, die von uns gesteuert werden können. Gewohnheiten beginnen in unserem Verstand; daher schafft die tägliche Wiederholung dieses Bekenntnisses ein Gewohnheitsbewusstsein, das in direktem Zusammenhang mit den Gewohnheiten steht, die nötig sind, um die sechs Bereiche des Geistes zu entwickeln und zu kontrollieren. Allein schon die Wiederholung der einzelnen Namen dieser Bereiche hat eine entscheidende Wirkung. Sie macht uns bewusst, dass diese Bereiche existieren und dass sie wichtig sind.

Es ist ein großer Tag im Leben jedes Menschen, wenn er erkennt, dass sein Erfolg oder Versagen hauptsächlich davon abhängt, wie stark er seine Gefühle beherrscht! Bevor wir diese Tatsache akzeptieren können, müssen wir zunächst die Existenz und die Natur unserer Gefühle erkennen und uns der Kraft bewusst werden, die in der Lage ist, sie zu steuern. Diese Erkenntnis bleibt unzähligen Menschen Zeit ihres Lebens verwehrt.

Die Vereinigung der *Anonymen Alkoholiker* ist in der ganzen Welt aktiv. Ihre Mitglieder arbeiten in vielen Städten der Welt in örtlichen Mastermind-Gruppen zusammen und helfen sich wunderbar gegenseitig, um sich von den bösen Einflüssen des Alkoholismus zu befreien. Sie schaffen dies allein durch Selbstdisziplin!

Die Medizin, die sie einnehmen, ist die wirkungsvollste, die die Menschheit überhaupt kennt: die Macht des menschlichen Geistes, der auf ein bestimmtes Ziel hinarbeitet. Hier ist es das

Ziel, den Alkoholismus zu besiegen. Ihre Leistung sollte alle Menschen dazu inspirieren, sich besser mit der Kraft ihres eigenen Geistes vertraut zu machen. Wenn der Geist imstande ist, den Alkoholismus zu besiegen – und das ist er – dann kann er auch Armut, Krankheit, Angst und selbst auferlegte Schranken überwinden!

Ein erkannter Feind ist ein halb besiegter Feind – dies ist eine wohl bekannte Tatsache. Sie trifft auf die Feinde, die sich in unseren Geist stehlen, ebenso zu wie auf die, die außerhalb agieren. Ganz besonders gilt sie jedoch für Feinde, die in Gestalt von negativen Gefühlen auftreten. Sobald wir diese Feinde erkannt haben, beginnen wir – mehr oder weniger unbewusst – mithilfe der Selbstdisziplin Gewohnheiten zu entwickeln, durch die wir ihnen entgegenwirken können.

Mit derselben vernünftigen Vorgehensweise können wir auch die Vorteile vergrößern, die unsere positiven Gefühle uns bringen, denn es ist ebenfalls wahr, dass ein erkannter Vorteil auch ein leicht zu nutzender Vorteil ist.

Positive Gefühle sind uns von Nutzen, da sie ein Teil der treibenden Kraft unseres Geistes sind; sie können uns aber nur weiterhelfen, wenn sie geordnet und auf die Verwirklichung eines eindeutigen, konstruktiven Zieles ausgerichtet sind. Steuern wir sie aber nicht, können sie ebenso gefährlich werden wie viele der negativen Gefühle.

Wo immer ein brennender Wunsch besteht, da existiert auch die Kraft des Glaubens und der Zuversicht. Die Kraft des Glaubens entspricht in ihrem Ausmaß exakt der Intensität unseres Wunsches. Diese beiden hängen zusammen – stimulieren wir das eine, so stimulieren wir immer auch das andere. Steuern wir das eine durch freiwillige Angewohnheiten, so lenken wir auch das andere. Dies ist Selbstdisziplin in ihrer höchsten Form.

Benjamin Disraeli, den viele für den besten Premierminister halten, den Großbritannien jemals hatte, erlangte dieses hohe Amt durch reine Willenskraft, die von einer zielbewussten Entschlossenheit geleitet wurde. Er begann seine Karriere als Schriftsteller, war auf diesem Gebiet aber nicht sonderlich erfolgreich. Disraeli veröffentlichte etwa ein Dutzend Bücher, aber keines von ihnen machte besonderen Eindruck auf das Publikum. Er akzeptierte, dass er als Schriftsteller wenig erreichen konnte und betrachtete diese Niederlage als Herausforderung, sich auf einem anderen Gebiet noch mehr anzustrengen – mehr nicht.

Als er in die Politik ging, fasste er von Anfang an das feste Ziel, Premierminister des Britischen Empire zu werden. 1837 wurde er Parlamentsabgeordneter für Maidstone, aber seine erste Rede vor dem Parlament wurde allgemein als großer Reinfall betrachtet. Wieder sah er seinen Misserfolg als Herausforderung an, es noch einmal zu versuchen. Er kämpfte weiter, dachte dabei niemals ans Aufhören und wurde 1848 zum Parteiführer des Unterhauses, später dann zum Schatzkanzler ernannt. 1868 verwirklichte er schließlich sein eindeutiges Hauptziel und wurde Premierminister.

Während dieser Amtszeit traf Disraeli auf vehementen Widerstand – seine *Zeit der Prüfung* war gekommen – der ihn schließlich zum Rücktritt zwang. Er war jedoch weit davon entfernt, diese zwischenzeitliche Niederlage als endgültige Niederlage hinzunehmen – und er schaffte es tatsächlich, zum zweiten Mal zum Premierminister gewählt zu werden. Während dieser Amtszeit stärkte er das Britische Empire und weitete seinen Einfluss in viele Richtungen aus. Sein vielleicht größter Erfolg war der Bau des Suezkanals – eine Leistung, die dem Britischen Empire beispiellose wirtschaftliche Vorteile bringen sollte.

Disraelis Leitmotiv in seiner gesamten Karriere war Selbstdisziplin! Als er einmal die Ursachen seines Erfolges in einem kurzen Satz zusammenfassen sollte, sagte er: *Das Geheimnis jedes Erfolges ist ein beständiges Verfolgen seines Zieles!* Willenskraft half ihm alle Rückschläge zu überwinden und führte ihn schließlich zum Erfolg.

Hier liegt für die meisten Menschen der größte aller Gefahrenpunkte! Sie geben auf, wenn es hart wird – obwohl oft nur ein einziger weiterer Schritt sie zu einem triumphalen Erfolg geführt hätte. Wir brauchen unsere Willenskraft am meisten, wenn wir in unserem Leben auf besonders starke Widerstände stoßen. Durch Selbstdisziplin können wir sie in jeder großen oder kleinen Notlage abrufen.

Theodore Roosevelt ist ein weiteres Beispiel dafür, was ein Mensch trotz großer Hindernisse leisten kann, wenn er durch einen starken Willen motiviert ist. Schon in früher Jugend war Roosevelt durch chronisches Asthma und ein schlechtes Sehvermögen schwer geschlagen. Seine Freunde machten sich große Sorgen um ihn und fürchteten, er würde vielleicht nie wieder gesund werden. Da er jedoch die Macht der Selbstdisziplin kannte, teilte er diese Sorgen keineswegs.

Roosevelt ging in den Westen der USA, arbeitete körperlich und sehr hart an der freien Luft. Er erlegte sich strikte Selbstdisziplin auf, dank der er einen kräftigen Körper und einen entschlossenen Geist entwickelte. Einige Ärzte warnten ihn, er würde nicht durchhalten, aber er akzeptierte diese Einschätzung nicht.

Während er um seine Gesundheit kämpfte, entwickelte er eine ungeheure Selbstdisziplin. Schon bald zog er wieder zurück nach Osten, trat in die Politik ein und trieb sich immer weiter an. Sein Siegeswille machte ihn schließlich zum Präsidenten der Vereinigten Staaten.

Diejenigen, die ihn am besten kannten, sagten, seine hervorstechendste Eigenschaft sei sein fester Wille gewesen: Er ließ nicht zu, dass Roosevelt eine Niederlage als irgendetwas anderes ansah als eine Herausforderung, sich noch mehr anzustrengen. Abgesehen von dieser Willenskraft, verfügte Roosevelt über keine besonderen Fähigkeiten als jeder andere auch – weder über eine bessere Bildung noch über wertvollere Erfahrungen.

Während seiner Zeit als Präsident beschwerten sich einige Militärbeamte über seine Anweisung, sie sollten sich körperlich fit halten. Um ihnen zu zeigen, dass er wusste, wovon er sprach, setzte sich Roosevelt auf ein Pferd und ritt einhundertsechzig Kilometer über die unbefestigten Straßen Virginias. Die Militärbeamten schafften es nur mit großer Mühe, mit ihm mitzuhalten.

In diesem aktiven Körper steckte jedoch auch ein aktiver Geist, der entschlossen war, sich nicht von körperlichen Schwächen einschränken zu lassen. Diese geistige Einstellung ließ Roosevelt während seiner gesamten Amtszeit im Weißen Haus erkennen. Als die Franzosen versuchten, den Panamakanal zu bauen, scheiterten sie. Theodore Roosevelt sagte: *Der Kanal wird gebaut.* Er machte sich sofort ans Werk, um seinen Glauben durch Taten zu verwirklichen. Und der Kanal wurde gebaut!

Robert Louis Stevenson war von Geburt an ein schmächtiges Kind. Bis zum Alter von achtzehn Jahren hinderte ihn seine schlechte Gesundheit daran, sich einer geregelten Ausbildung zu widmen. Als er dreiundzwanzig Jahre alt war, verschlechterte sich sein Zustand so sehr, dass seine Ärzte ihm rieten, wegen der trockenen Luft in der Südsee zu leben. Dort lernte er die Frau seiner Träume kennen und verliebte sich in sie. Seine Liebe zu ihr war so groß, dass sie ihm neuen Lebensmut schenkte und einen Grund, wieder aktiv zu werden. Er begann zu schreiben, obwohl er körperlich kaum stark genug war, sich auf den Beinen zu halten. Er schrieb weiter und bereicherte die Welt mit immer neuen Büchern, die heute als Meisterwerke gelten.

Dasselbe Motiv, die Liebe, hat auch viele andere Männer beflügelt, die unsere Welt reicher und besser gemacht haben. Ohne das Motiv der Liebe wäre Stevenson sicherlich gestorben, ohne Großes für die Menschheit geleistet zu haben. Er verwandelte die Liebe zur Frau seiner Träume in literarische Werke. Dies gelang ihm allein durch die Anwendung der Selbstdisziplin, dank der er die Herrschaft über die sechs Bereiche seines Geistes erlangte.

Auf ganz ähnliche Weise verwandelte Charles Dickens eine persönliche Liebestragödie in große literarische Werke. Anstatt sich von der Enttäuschung über seine erste Liebe zerstören zu lassen, bekämpfte er seinen Kummer, indem er wie ein Besessener zu schreiben begann. Durch Selbstdisziplin gelang es ihm, seinen größten Kummer in seinen größten Gewinn zu verwandeln, denn er wurde sich dadurch seines »anderen Ichs« bewusst. In ihm fand er auch die Kraft seines Genies, das sich in seinen literarischen Werken widerspiegelte.

Es gibt eine unschlagbare Methode, um unsere Sorgen und Enttäuschungen zu überwinden: Gefühle der Verzweiflung müssen durch planvolle und beherzte Arbeit in ihr Gegenteil verwandelt werden. Diese Regel ist die wichtigste von allen. Das Geheimnis ihrer Stärke ist Selbstdisziplin.

Freiheit für Körper und Geist, Unabhängigkeit und finanzielle Sicherheit – all dies sind Ergebnisse eines Handelns, das auf Eigeninitiative beruht, die durch Selbstdisziplin gesteuert wird. Auf keine andere Weise können wir uns diese universellen Wünsche erfüllen.

Unsere Reise auf der Straße zum Tal des Glücks ist beinahe zu Ende. Den Rest des Weges müssen Sie alleine gehen. Wenn Sie den Anweisungen, die ich Ihnen gegeben habe, mit der richtigen geistigen Einstellung gefolgt sind, so sind auch Sie nun im Besitz des großen Schlüssels, der das Tor zum Tal des Glücks aufschließt.

Ich enthülle Ihnen nun die große Wahrheit: Der Schlüssel zu Reichtum und Glück besteht ganz allein in der größten Kraft, die uns Menschen geschenkt wurde – in der Macht unseres Denkens!

Sie können den Schlüssel für Ihre Zwecke einsetzen, wenn Sie durch strikte Selbstdisziplin von Ihrem eigenen Geist Besitz ergreifen. Durch Selbstdisziplin können Sie sich in jede Lage des Lebens hinein- oder aus ihr herausdenken! Selbstdisziplin wird Ihnen dabei helfen, Ihre Geisteshaltung dauerhaft zu kontrollieren.

Ihre geistige Einstellung kann Ihnen wiederum dabei helfen, jede erdenkliche Situation Ihres Lebens zu meistern und jede Schwierigkeit, jede Niederlage und jedes Versagen in einen ebenso großen Nutzen zu verwandeln. Dies ist der Grund, weshalb eine positive geistige Einstellung an erster Stelle der Liste der Zwölf Reichtümer des Lebens steht.

Sie sollten daher erkennen, dass der große Schlüssel zum Reichtum nicht mehr und nicht weniger ist als die Selbstdisziplin. Sie werden Selbstdisziplin brauchen, um vollständiger Herr Ihres eigenen Geistes zu werden!

Beginnen Sie genau jetzt, an Ort und Stelle. Werden Sie Ihr eigener Herr. Jetzt! Lassen Sie dieses alte Ich, das Sie so beharrlich in Armut und Dürftigkeit gefangen hielt, für immer hinter sich. Erkennen und akzeptieren Sie Ihr *anderes Ich* in sich, das Ihnen alles geben kann, was Sie sich von Herzen wünschen.

Ich hoffe inständig, dass Sie durch die Lektüre dieses Buches Ihr Glück finden.

Ich hoffe, dass Sie von diesem Augenblick an stets die volle Kontrolle über Ihre geistige Einstellung behalten.

Denken Sie immer an die entscheidende Tatsache: Das Einzige, was Sie uneingeschränkt beherrschen können, sind Ihre Gedanken.

Auch wenn der »reiche Mann aus dem Tal des Glücks« Ihnen außer dieser Erkenntnis nichts weiter gegeben hat, so gab er Ihnen allein dadurch eine Quelle von unschätzbarem Wert, denn in ihr liegt der Schlüssel zum Reichtum des Lebens!

Napoleon Hill

Napoleon Hill ist ein Pionier des Positiven Denkens. Er war einer der erfolgreichsten Schriftsteller, Lehrer und Redner seiner Zeit und begründete die moderne Literatur über Persönlichkeitswachstum. Geboren wurde er 1883 in einer Hütte am Pount River in Wise County, Virginia, als einziger Sohn einer in Armut lebenden Familie. Mit 10 Jahren verlor er seine Mutter. Als sein Vater sich zwei Jahre später wieder verheiratete, verbesserte das ihre finanzielle Situation nicht wesentlich. Also suchte sich Hill mit 13 Jahren einen Job als »Bergreporter« für Kleinstadtzeitungen. Er sparte genug, um ein Jurastudium beginnen zu können, das er jedoch aus Geldmangel wieder gegen eine Tätigkeit als Berichterstatter eintauschen musste. Genau das sollte sich als sein Glück erweisen, denn mit 25 Jahren erhielt er den Auftrag, eine Artikelserie über die reichsten und berühmtesten Männer seiner Zeit zu schreiben. Als er dem Stahlmagnaten Andrew Carnegie die Frage stellte, was dieser für die Grundlage seines Erfolges halte, bekam er eine Antwort, mit der er nicht gerechnet hatte: »Wenn Sie ›Erfolg‹ sagen, meinen Sie mein

Geld, nicht wahr? Nun, wenn Sie das ›Erfolg‹ nennen, will ich Ihnen Ihre Frage damit beantworten, dass wir hier in unserer Firma dem Mastermind-Prinzip folgen ...«

Carnegie war so fasziniert davon, dass jeder Mensch allein durch die Verwendung einer »Erfolgsformel« reich werden kann, dass er Hill beauftragte, 500 der reichsten Männer der Welt zu interviewen und herauszufinden, was an ihrer Persönlichkeit es war, das sie so erfolgreich machte. Hill nahm die Herausforderung an und befragte eingehend Größen wie Henry Ford, Thomas Edison, John Rockefeller, Alexander Graham Bell und Woodrow Wilson – und nach 20 Jahren Grundlagenforschung war es ihm möglich, dreizehn Prinzipien zu ermitteln, deren Verwendung sie reich gemacht hatte. Hill schrieb darüber die Bücher *The Philosophy of Achievement* und *The Law of Success* und wurde 1933 Berater des amerikanischen Präsidenten Franklin D. Roosewelt, der seinen Ausspruch »Gedanken sind Dinge« eingerahmt an die Wand des Oval Office hängte. Vier Jahre später veröffentlichte Hill seinen Weltbestseller *Denke nach und werde reich*, der zum erfolgreichsten Buch über Vermögensbildung und Persönlichkeitswachstum aller Zeiten wurde.

Nach dem Ende des Zweiten Weltkriegs erschien, neben einer Anzahl weiterer, das Buch *Glaube an dich und werde reich*, in dem Hill die Gesetze des Erfolgs detailliert ausarbeitete und auf die zwölf Reichtümer des Lebens bezog. Fast zehn Jahre lang war er danach als Redner tätig und unterrichtete die »Wissenschaft vom Erfolg«. In dieser Zeit lernte er seinen Co-Autor W. Clement Stone kennen, mit dem er außerdem ein Monatsmagazin gründete. Hills letztes Buch, *You Can Learn Your Own Miracles*, erschien nach seinem Tod. Er starb im November 1970 und hinterließ nicht nur einen ausgearbeiteten Regelsatz für den Erfolg, sondern hatte durch sein eigenes Leben auch die Wahrheit seiner Theorie bewiesen. Hill zeigte, dass jeder Mensch das Ziel seiner Träume erreichen kann.

Häufig wird vergessen, dass die von Napoleon Hill entwickelten Goldenen Regeln für den Erfolg auf einer spirituellen Denkhaltung und entsprechenden inneren Einstellung beruhen. Sein Leben lang hat er das Gesetz der Resonanz und Anziehung erforscht, denn nichts anderes verbirgt sich hinter seiner Einsicht, dass es zuverlässige und einfache Wege gibt, mit denen Glück und ein Leben in Fülle erreicht werden können.

– Michael Nagula

Henry Ford
MEIN LEBEN UND WERK

Autobiografie eines modernen Unternehmers

Auch als eBook!

256 Seiten, Hardcover, rotes Leseband
Amra Verlag, € 19,95 [D]

ISBN 978-3-95447-163-8

Wie wurde der Sohn eines Farmers binnen weniger Jahre zu einem der reichsten Männer der Welt? Er entwickelte Methoden. Laut Time Magazine eines der 100 wichtigsten Bücher des 20. Jahrhunderts!

Erich Keller
WANDEL ALS CHANCE – NUTZE SIE!

Die Neuordnung von Sinn, Zielen und Werten

208 Seiten, Taschenbuch
Amra Verlag, € 9,95 [D]

Auch als eBook!

ISBN 978-3-939373-54-4

Gehetztheit, Überforderung, Unsicherheit: Wir befinden uns in einer globalen Krise. Aber ist das nicht die beste Chance für einen Neubeginn? Mit Arbeitsbögen für das persönliche Wachstum!

Wallace Wattles
DIE GESETZE VON ERFOLG UND RESONANZ

Wohlstand aus der Kraft deiner Gedanken

96 Seiten, Taschenbuch
Amra Verlag, € 7,95 [D]

Auch als eBook!

ISBN 978-3-939373-26-1

Meistern Sie die Prinzipien, dann können Sie gar nicht anders, als sich auf die Erlangung Ihrer Ziele hinzubewegen. Die Inspiration für Napoleon Hill, Anthony Robbins und den Welterfolg The Secret!

Textauszüge, Videos und Hörproben auf www.AmraVerlag.de

Mitten in Europa stehen die größten Pyramiden der Welt

DIE PYRAMIDEN VON BOSNIEN

Nominated
Cosmic Cine
Award 2014

93 Minuten; plus Diashow,
Bonusclips, 3D-Animation
Amra Cinema DVD

ISBN 978-3-95447-023-5

Nordwestlich von Sarajevo, nicht weit entfernt vom früheren Sitz der bosnischen Könige, ragt eine geheimnisvolle Gesteinsformation in den Himmel. Es handelt sich um den mehr als 220 Meter hohen Berg Visočica, der über dem Städtchen Visoko thront. Die etablierte Archäologie hat die Vermutung, dass es sich um eine Pyramide handeln könnte, lange Zeit belächelt. Bis der amerikanische Unternehmer und Star-Archäologe Dr. Sam Osmanagich unwiderlegbare Beweise dafür liefern konnte.

Mittlerweile wurden fünf Pyramiden entdeckt, die mindestens 12.000 Jahre alt sind. Und man fand kilometerlange Tunnelsysteme, die sie miteinander verbinden – und darin 36.000 Jahre alte Holzreste. Messungen nach steigt aus der Spitze der größten Pyramide noch heute ein Energiestrahl auf.

Der Filmautor und Regisseur Said Sefo wich Dr. Sam Osmanagich bei seinen Forschungen und Ausgrabungen monatelang nicht von der Seite. Herausgekommen ist eine mehrfach preisgekrönte, atemberaubende Dokumentation über die größten bekannten Pyramiden der Welt, ausgerechnet im Herzen Europas.

Filmtrailer auf www.AmraCinema.de